江西理工大学清江学术文库

浸矿对离子型稀土矿体渗透性及强度的影响

王晓军　汪　豪　李永欣　著

北　京
冶　金　工　业　出　版　社
2022

内容提要

本书从离子交换和稀土矿体渗透特性之间关联性出发，依据大量稀土浸矿实验结果，全面介绍浸矿过程稀土矿体微观孔隙结构的测试技术与实验方法，详细分析了离子交换作用对矿体渗透性影响的微观机理，主要内容包括原状稀土矿样物理特性测试、浸矿过程矿体渗透性实验与分析、浸矿过程矿体孔隙结构动态演化、离子交换与矿体孔隙结构关联分析、离子交换过程矿体微细颗粒沉积—释放行为及机理。

本书可供地质、采矿、岩土和环境地质等专业科技工作者和大中专院校师生参考。

图书在版编目(CIP)数据

浸矿对离子型稀土矿体渗透性及强度的影响/王晓军，汪豪，李永欣著.—北京：冶金工业出版社，2022.3

ISBN 978-7-5024-9090-4

Ⅰ.①浸… Ⅱ.①王… ②汪… ③李… Ⅲ.①溶浸采矿—影响—稀土元素矿床—渗透性—研究 Ⅳ.①P618.7

中国版本图书馆 CIP 数据核字(2022)第 044883 号

浸矿对离子型稀土矿体渗透性及强度的影响

出版发行	冶金工业出版社	**电　　话**	(010)64027926
地　　址	北京市东城区嵩祝院北巷 39 号	**邮　　编**	100009
网　　址	www. mip1953. com	**电子信箱**	service@ mip1953. com

责任编辑　王　双　美术编辑　燕展疆　版式设计　郑小利　孙跃红
责任校对　梁江凤　责任印制　李玉山

三河市双峰印刷装订有限公司印刷

2022 年 3 月第 1 版，2022 年 3 月第 1 次印刷

710mm×1000mm　1/16；7.25 印张；141 千字；107 页

定价 59.00 元

投稿电话　(010)64027932　投稿信箱　tougao@cnmip. com. cn

营销中心电话　(010)64044283

冶金工业出版社天猫旗舰店　yjgycbs. tmall. com

(本书如有印装质量问题，本社营销中心负责退换)

前　言

离子吸附型稀土矿是世界罕见的宝贵矿种，应用原地浸析采矿法回收该矿，可以保护地表环境，降低开采成本，但该工艺在推广过程中仍存在不少问题，针对开采方面集中体现为两点。其一，原地浸矿资源回收率偏低，据统计南方离子型稀土采用原地浸析开采的采矿回收率普遍低于60%。一方面由于底板裂隙，浸矿母液不能完全回收；另一方面由于对浸矿液渗流主通道（山体强风化层孔隙结构）在浸矿过程中的演化规律分析不足，注液孔布置和注液方式设计带有一定的盲目性，影响了浸矿液与矿体充分渗透交换。其二，原地浸矿会导致山体滑坡，造成次生地质灾害。其直接原因是注液置换过程引发土体孔隙结构不畅造成浸矿液滞留。由此可见，离子型稀土原地浸矿引发的技术难题与浸矿液在浸矿母体中的渗流过程息息相关。换言之，浸矿液在稀土矿体中的良好运移渗透一直以来都是原地浸矿成功推广的关键所在。

针对浸矿液的渗流运移规律，众多研究集中在浸矿母体的初始结构参数和固液两相流耦合过程的研究，忽略了由于离子间强烈化学交换而引发的“次生孔隙结构”，事实上，整个浸矿过程充满了离子的交换与解析，离子间水化半径的差别和化学作用的附加影响（如温度、pH 值、浓度）都可能使浸矿母体的渗流通道（孔径、孔喉道）发生新的变化，形成次生孔隙结构，影响浸矿液的渗透运移。

本书从离子交换和矿体孔隙结构之间关联性出发，依据大量稀土浸矿实验，全面介绍浸矿过程稀土矿体微观孔隙结构测试的实验方法，详细分析离子交换作用对矿体渗透性影响的微观机理。全书共分为7章，第1章介绍了渗流作用对多孔介质渗透性影响的研究进展；第2章论述了原状试样的物理特性和实验室浸矿试样的制备方法；第 3 ~ 5 章通过一系列对比实验，详细介绍了浸矿过程矿体渗透系数测试、微观孔隙结构动态测试和离子交换量度等试验方法，对比分析得到了离子交换和孔隙结构动态变化的关联性；第 6 章通过微观形貌试验，分析了离子交换对矿体渗透性影响的机理，提出了离子交换诱发矿体内微细颗粒的沉积—释放行为；第 7 章通过浸出试验，得出了稀土矿体强度特性随浸矿时间变化的规律，发现矿体的应力–应变曲线符合邓肯–张模型。

本书内容涉及的研究工作得到江西省杰出青年人才资助计划项目（项目号：20192BCBL23010）、国家自然科学基金面上项目（项目号：51874148 和 52174113）、江西省“双千计划”科技创新高端人才项目（项目号：jxsq2019201043）、江西省青年井冈学者奖励计划的共同资助，在此表示感谢。

由于作者学术水平和撰写时间所限，书中不足之处，恳请读者给予批评指正。

作　者

2021 年 6 月

目　录

1 绪　　论

1.1 离子吸附型稀土开采提取技术

离子吸附型稀土是中国特有、世界罕见的中重稀土矿种，主要分布在我国南方江西、广东、广西、云南、福建等省和自治区，自20世纪60年代末首次在江西赣州发现以来，国家先后投入大量的科研力量进行技术攻关，在基础研究和开采工艺方面取得了长足的进步[1~3]。该稀土矿物中的稀土元素主要以水合离子或羟基水合离子的方式吸附在高岭土、蒙脱石等黏土矿物表面。根据矿物以离子态赋存的特点，大量科技人员经过长期试验和实践，开发了电解质溶液离子置换的矿物提取方法[4~6]。从70年代初，以该方法为基础的工艺流程主要经历了三个阶段的发展[7~9]。

1.1.1 氯化钠桶浸—草酸沉淀阶段

氯化钠桶浸—草酸沉淀[10,11] 阶段采用氯化钠作为电解质，配置6% ~8%的浸矿溶液，将稀土矿体表土腐殖层剥离，露天开挖稀土矿体运至室内，筛分后放置于桶内，加入浸矿液浸取，浸出的母液采用草酸沉淀，经灼烧后提取稀土氧化物。浸矿后的尾矿运送至尾矿排放场地堆存。详细工艺流程如图1.1所示。

桶浸工艺的显著缺点是表土层大量开挖破坏了地形地貌和地表植被，且工人劳动强度大，产量低，成本高。同时，产生的尾砂含有大量的钠盐，大面积长期堆存使得土壤盐化，影响植物生长。此外，利用草酸作为沉淀剂，钠离子共沉淀，影响稀土元素提取率。

1.1.2 硫酸铵池浸—草酸沉淀阶段

为了避免氯化钠浸矿的土地盐化问题，采用硫酸铵代替氯化钠作为浸矿剂，将稀土矿体所在山体表土剥离后，稀土矿石搬运到半山腰已经建好的浸矿池中，利用低浓度的硫酸铵（1% ~3%）淋浸，浸出母液依然采用草酸沉淀。该方法降低了浸矿剂的消耗，同时也减少了钠盐对土地环境的污染破坏。硫酸铵池浸—草酸沉淀[12,13] 阶段具体工艺流程如图1.2所示。

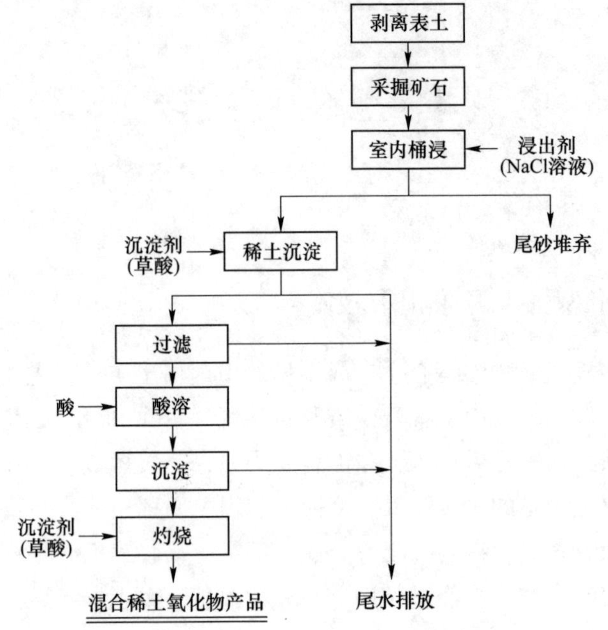

图 1.1　离子型稀土矿室内桶浸工艺[9]

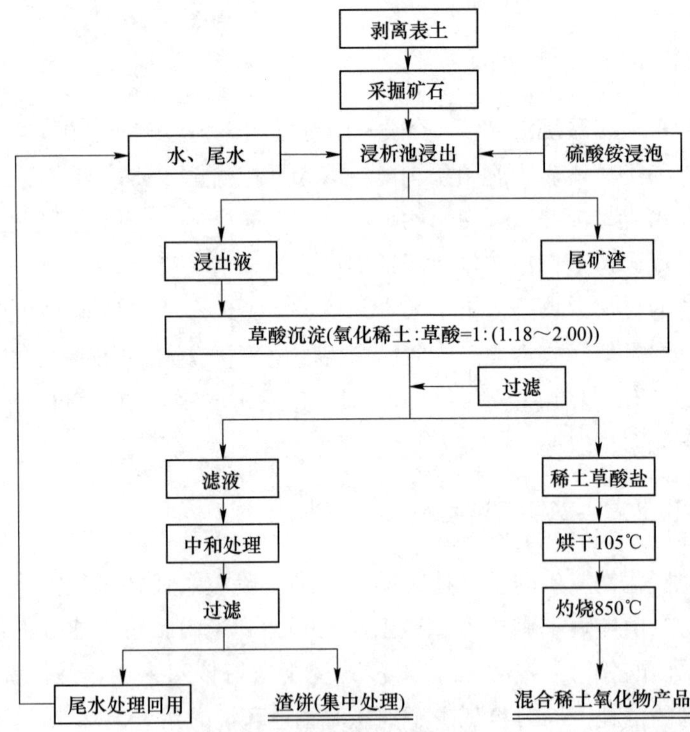

图 1.2　离子型稀土矿池浸工艺

硫酸铵池浸工艺需要剥离大量表土，浸矿池和浸出后的尾矿均需占用大量的堆存空间，占用土地的同时也污染了矿区环境，劳动成本和劳动强度都比较高，但生产工艺相对简单。后期如能解决土地复垦和环境修复的问题，依然具有推广价值。

1.1.3 原地浸出—碳酸氢铵沉淀阶段

为解决池浸或堆浸对自然山体和地貌的破坏，采用原地浸矿开采技术。即直接在稀土矿体上部施工注液孔，将浸矿剂由注液孔到达稀土矿体内部，浸矿液在稀土矿体中流动，浸矿液中的活泼阳离子将稀土矿体上吸附的稀土阳离子交换解析后进入浸矿液形成稀土母液，最终通过山体底部施工的集液巷集中回收稀土母液，利用碳酸氢铵作为沉淀剂将进入集液池中的稀土母液集中沉淀[14~19]。原地浸出—碳酸氢铵沉淀阶段具体工艺如图 1.3 所示。

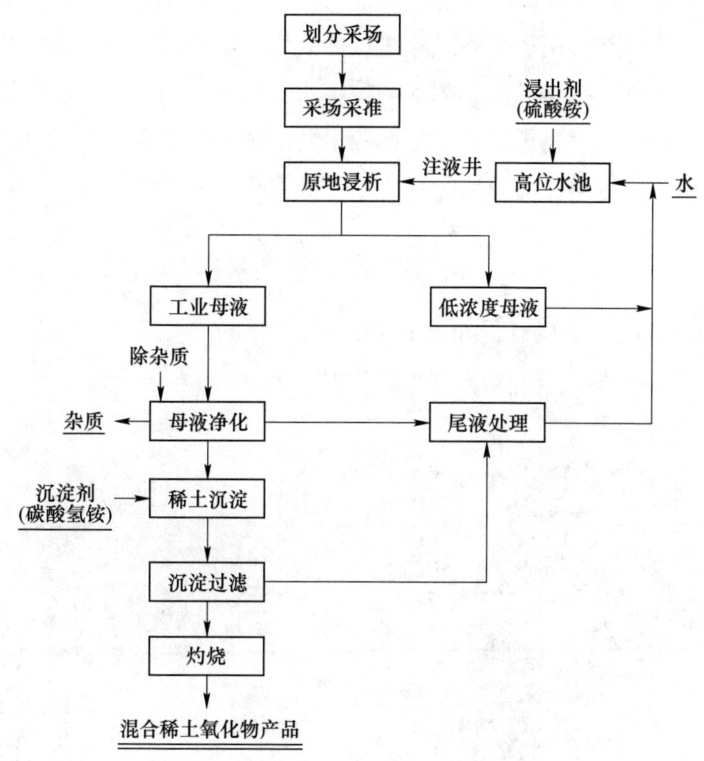

图 1.3 离子型稀土矿原地浸出工艺[9]

原地浸矿保护了地表环境和地貌完整，无尾矿外排减少了工业场地占用，大大降低了采矿工人的作业强度，减少了基建投资，降低了运输成本。同时碳酸氢铵作为沉淀剂大幅降低了沉淀成本，缩短了稀土分离工序。相比前两个阶段的提取方法具有显著优势[20~22]。

原地浸矿法是当前离子型稀土提取的主要方法，在结构简单、有致密底板且渗透性良好的矿山具有广阔的应用前景。但在更为广泛的矿区推广应用仍然具有一定的难度。目前主要障碍体现在硫酸铵浸矿污染地下系致使氨氮超标，无底板裂隙矿床造成浸矿剂泄露，高强度注液诱发山体滑坡[23~25]。上述问题表明，提高该方法的适应性仍然有许多科学难题亟待研究。

1.2　浸矿过程离子吸附与交换反应

离子型稀土的母岩主要为花岗岩，在长时间的物理、化学和生物作用下，花岗岩风化解体，在雨水渗透作用下，稀土矿物随着母岩风化以离子的形态进入水溶液并向下渗透，最终被黏土矿物所吸附，并以离子态附着在矿物表面[26~28]。工业开发过程中通常使用氯化钠或硫酸铵溶液作为浸矿剂实施原地浸析开采，随着浸矿液注入矿体，挤出矿体孔隙中的裂隙水，同时，浸矿液中的活泼阳离子与矿体中的稀土离子发生离子交换，浸矿液中的活泼阳离子吸附于矿体表面，而稀土离子进入浸矿溶液中。随着后续浸矿液不断注入，一方面继续交换剩余稀土离子，另一方面将浸矿后的稀土溶液挤出形成稀土母液。离子交换按照等价交换的原则，按照等摩尔关系进行，即浸矿阳离子的价态决定了其发生交换的摩尔数[29,30]。具体等摩尔置换过程如图 1.4 所示。

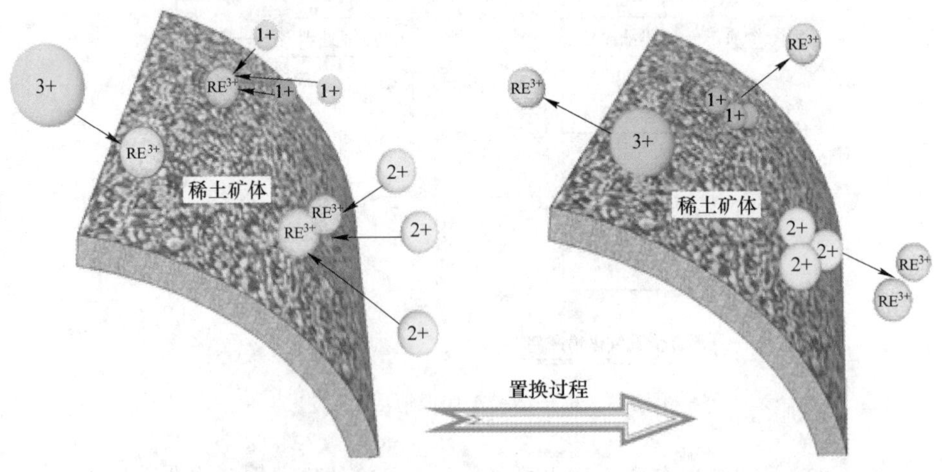

图 1.4　浸矿阳离子与稀土离子等价交换

工业上先后采用氯化钠（NaCl）和硫酸铵（$(NH_4)_2SO_4$）作为主要的浸矿溶质，其中2.5%的硫酸铵溶液在浸矿效果和浸矿剂用量方面具有明显优势，仍作为当前工业生产主要的浸矿药剂，交换过程化学反应式见式（1.1）。最近国家针对氨氮废水排放出台了一系列标准，极大地限制了硫酸铵在稀土矿山的应用，而氯化镁溶液浸矿试验正在进行，其有望代替硫酸铵成为新的浸矿药剂[31~35]。

$$2(\text{高岭土})^{3-}\cdot RE^{3+} + 3(NH_4)_2\cdot SO_4 = 2(\text{高岭土})^{3-}\cdot (NH_4^+)_3 + RE_2(SO_4)_3 \tag{1.1}$$

1.3 渗流作用对多孔介质渗透性影响

原地浸矿过程中，随着浸矿液在浸矿母体（含稀土离子的黏土介质）中渗流，矿体内部的孔隙由非饱和过渡到饱和状态，使颗粒表面形成结合水膜。同时，多孔介质渗流作用使黏土介质中的部分颗粒随流体发生运移，这些因素都可能诱发浸矿母体的渗流通道（孔径、孔喉道）发生变化，进而影响浸矿液在稀土矿体中的渗透运移[36,37]。

1.3.1 颗粒迁移对渗透性影响

多孔介质中的颗粒迁移机理较为复杂，既有惯性作用引发颗粒的迁移，也有静电引力、布朗运动导致颗粒的有规则移动，更有水动力作用诱发的颗粒运移[38]。对于稀土矿体原地浸矿开采，在矿体中渗流的浸矿液具有一定的水头压力，颗粒迁移主要在水动力作用下完成。由于浸矿液在多孔介质中渗透，雷诺系数较小，流动状态主要为层流[39]。从微观角度分析，液流在每个孔隙都有速度梯度，越靠近孔隙的中央速度越大，在孔隙两侧速度近似为零[40]，如图1.5所

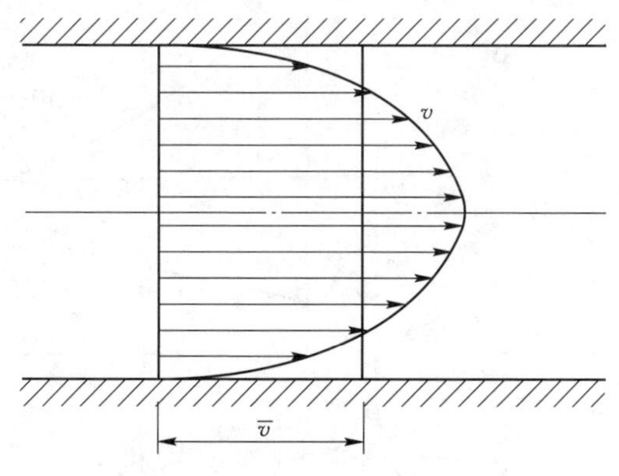

图1.5 孔隙中液流的渗流速度

示。但多孔介质内部孔隙并非均匀，微观尺度上渗流范围的扩大或缩小使孔隙中液流速度分布并非抛物面形状。速度在孔隙中产生的剪切场使孔隙附近的圆球颗粒产生转动，进而发生偏离运动，颗粒的表面形状越不规则，颗粒的运动轨迹就越复杂。这些颗粒复杂的迁移活动将不同程度改变渗流路径长度及渗流路径上的土体的渗透性和结构，阻止溶浸液的渗流，从而形成渗流盲区[41~43]。

1.3.2 颗粒表面结合水对渗透性影响

浸矿液由注液孔直接注入矿层（富含稀土离子的黏土介质层），由于黏土致密，孔隙尺寸较小，溶液渗流作用使矿层由非饱和至饱和过程中，矿物表面带有的负电荷让黏土颗粒吸附浸矿液中的水化阳离子和水分子，形成结合水层。由颗粒直接吸附的水化阳离子和水分子称为强结合水层，也称为吸附层。随着与颗粒表面距离加大，颗粒对外层的吸引力逐渐减弱，其离子浓度和水分子浓度逐步降低，直至孔隙中浸矿液的标准浓度，这一外层被称为弱结合水层，也称为扩散层。吸附层和扩散层共同组成矿物颗粒的双电层结构[44~46]，如图 1.6 所示。颗粒表面结合水形成的双电层结构的引力对浸矿液产生黏滞作用，降低了孔隙液体的水动力作用，在浸矿液由上至下的渗透过程中，减缓了浸矿液沿孔隙竖直方向运动，从而减小了浸矿液在矿体中的渗流速度[47]。

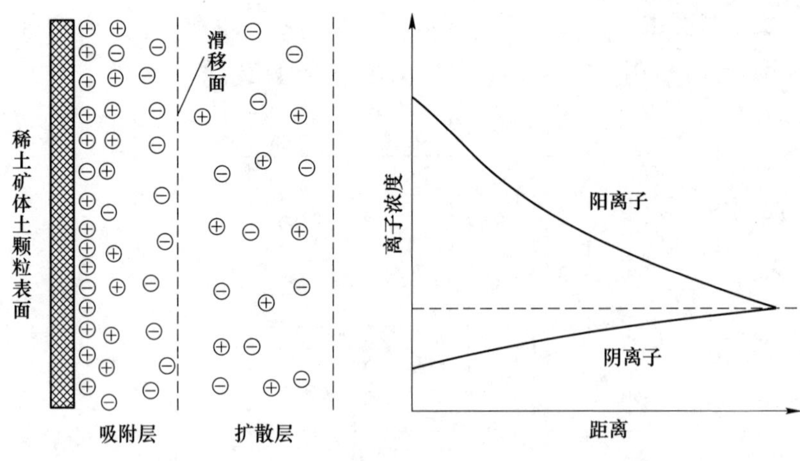

图 1.6 黏土矿物的双电层结构

1.3.3 悬浮物对渗透性的影响

悬浮物通常指溶液中的固体物质，包括不溶于水中的无机物、有机物及泥砂、黏土、微生物等，颗粒直径约在0.1～100μm之间[48]。溶液中通常含有大量的微细悬浮颗粒。溶液在多孔介质中渗透，一方面水溶液自身携带的悬浮颗粒随着渗流运动，另一方面渗透过程的水动力作用使多孔介质产生了大量的悬浮颗粒，这些悬浮颗粒对多孔介质渗透性产生了较大的影响，粒径较大的悬浮物聚集在多孔介质的弥散孔径中产生堵塞，这一堵塞机理已经比较清楚，通常用悬浮物粒径和多孔介质粒径的直径比作为判断堵塞的依据，属于物理堵塞[49,50]。目前这方面的研究主要集中在地下水回灌过程，曾有学者对澳大利亚40个回灌实例进行了调查，结果发现，其中80%的回灌井发生了不同程度的堵塞，经过分析，其中多数是由于大颗粒悬浮物造成的物理堵塞。但其中10%的堵塞是回灌过程的水动力作用和水化学作用所引发[51]。尽管回灌过程地下水中的化学作用较弱，但其诱发的悬浮物堵塞却不容忽视[52,53]。

离子型稀土原地浸矿过程中，浸矿液在黏土介质中渗流并与稀土离子发生离子交换，是一个渗流物理场和浸矿化学场交互作用的复杂过程，而且强烈的化学置换作用贯穿整个渗流过程。因此，单纯依靠悬浮颗粒粒径和多孔介质粒径直径比作为关键判据来判断是否发生悬浮物堵塞是并不恰当，而贯穿整个过程的化学置换作用极有可能成为引发多孔介质孔隙堵塞的重要诱因。

1.4 本书的主要内容

离子型稀土原地浸矿引发的技术难题与浸矿液在浸矿母体中的渗流过程息息相关。换言之，浸矿液在稀土矿体中的良好运移渗透一直以来都是原地浸矿成功推广的关键所在。而当前针对浸矿液渗流引发稀土矿体孔隙结构改变的研究，依然利用传统水动力物理作用机理进行分析，包括稀土矿体颗粒大小、原生孔隙率和物理渗流速度等方面的关联性研究。而忽略了由于离子间强烈化学交换而引发的“次生孔隙结构”，事实上，整个浸矿过程充满了离子的交换与解析，离子间水化半径的差别和化学作用的附加影响（如温度、pH值、浓度）都可能使浸矿母体的渗流通道（孔径、孔喉道）发生新的变化，形成次生孔隙结构，并且随着置换过程的持续进行，次生孔隙结构也在不断演化，影响了浸矿液的渗透运移特性。为此，本书以离子交换和矿体孔隙结构之间关联性为出发点，结合大量稀土浸矿实验室实验，全面介绍浸矿过程稀土矿体微观孔隙结构测试的实验方法，详细分析离子交换作用对矿体渗透性影响的微观机理。本书内容主要包括以下6个方面：

（1）离子型稀土的物理性状与化学元素。主要介绍离子型稀土原位取样的方法，包括原状土样密度、孔隙率、含水率的测试方法和测试结果，原状稀土试样颗粒粒径及集配，试样中稀土元素的种类及初始含量。在此基础上，为满足柱浸试验要求，探讨了重塑柱体稀土试样的方法，并测试得到重塑稀土试样的物理参数。

（2）水-液浸矿稀土矿体渗透特性对比。介绍柱浸过程中稀土矿体渗透系数测试方法，包括测试原来与研制的测试设备。分别采用去离子水和硫酸铵溶液作为主要的浸矿剂实施浸矿，利用达西试验原理，在浸矿全过程等间隔时间分别测试两种浸矿液稀土矿体的渗透特性，根据测试结果计算渗透系数，通过对比分析，得到离子置换作用对稀土矿体渗透系数的影响规律。

（3）浸矿过程稀土试样微观孔隙结构动态演化。主要研究柱浸不同时间段试样微观孔隙结构的演化规律，包括浸矿过程试样孔隙结构无损检测方法（NMR测试法），通过剖面分析与图像反演，对比去离子水和硫酸铵两种浸矿剂在浸矿不同时刻试样孔隙结构图像差异，分段统计不同尺寸孔隙在浸矿过程中的动态演化规律。分析化学置换作用对稀土试样微观结构的影响。

（4）试样孔隙结构与离子置换关联性分析。介绍稀土矿物中离子相测试的主要方法，包括EDTA滴定法和电感耦合等离子质谱法。对比分析两种方法在测试稀土离子相含量的优缺点。选择适合于本次试验的方法，结合孔隙结构动态演化测试图像，测试不同浸矿时间段柱体试样离子相含量，将两者关联分析，得到化学置换作用对孔隙结构的影响规律。

（5）离子交换过程微细颗粒沉积—释放行为及机理。采用扫描电镜将不同时间段的柱浸试样进行微观结构测试，主要对比分析去离子水和硫酸铵两种浸矿液浸矿后试样微观结构图像，分析无损结构检测（NMR法）反演图像的异常之处，并利用能谱分析法得到微细颗粒的物质成分，阐释离子交换过程试样中微细颗粒沉积—释放行为，最终结合双电层和DLVO理论解释了这一行为机理。

（6）浸矿过程对稀土矿体强度影响。结合柱浸试验，采用土三轴仪器测试不同浸矿时间段矿样的不固结不排水强度。通过确定有效浸矿时间，分析有效浸矿时间内外矿体的力学特性变化规律，同时，对比分析矿体强度变化与孔隙结构演化规律的关联性，得到浸矿对稀土矿体强度的影响规律。

2 离子型稀土矿体物理性状与化学成分

本章主要介绍离子型稀土原位矿样的获取方法，通过测试得到原状稀土试样的容重、孔隙率和含水率等主要物理参数，测试原状稀土矿体的主要颗粒粒径及级配。测试并分析原状稀土矿体内稀土氧化物的含量。根据原状稀土试样的物理特性通过重塑得到试验所用的柱浸试样。

2.1 离子型稀土原地取样

离子型稀土又称为风化壳淋积型稀土矿，其经过花岗岩风化分解和元素选择性迁移，最终在黏土介质中富集而成。因此，稀土矿物通常在地表含量极少，而是富集在以黏土矿物为主的全风化层中，其上部为较明显的腐殖层，下部为半风化层和基岩层。离子型稀土赋存矿层分布如图 2.1 所示[24]。

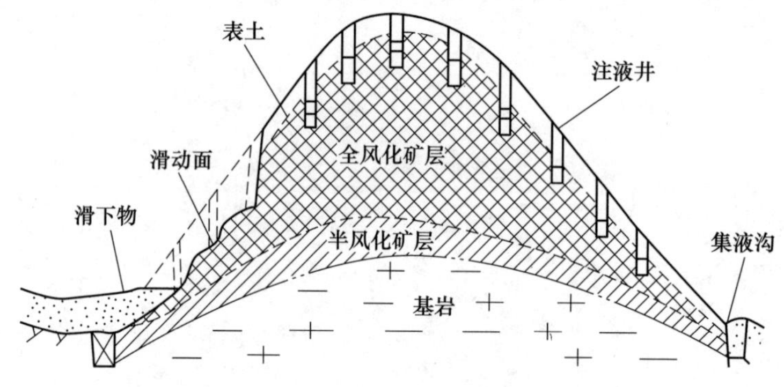

图 2.1 离子型稀土赋存矿层分布

只有利用原位矿样获得的实验数据才能对工程实际具有指导意义，但受实验室试验设备及测试条件的限制，室内实验往往只能采用重塑的稀土试样，而重塑矿样必须尽可能与原位矿样具有同样的物理参数。因此原位试样的获取是后续测试分析的基础。从稀土矿层的空间分布可知，稀土元素富集在腐殖层之下，而且属于黏土矿物为主的全风化层，该矿层未出露地表且软弱易破坏。获取完整未扰动试样的难度较大。

2.1.1　原状粗坯取样法

中南大学汤洵忠教授在离子型稀土原地浸析采矿室内模拟试验研究中提出选择代表性地段，开挖大尺寸的原矿粗坯，粗坯通常为径高为 ϕ40cm×40cm，开挖后粗坯周围用薄竹片固定，用细铁丝将周围扎紧，然后在矿样底部掏槽将矿样取出，最后人工取回实验室的方法获取原状稀土试样。现场采样示意图如图 2.2 所示[54]。

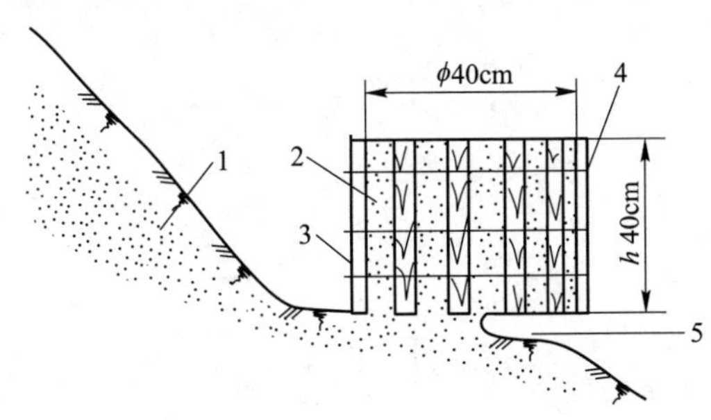

图 2.2　现场采样示意图

1—风化矿层；2—圆柱形矿样；3—竹片；4—铁丝；5—矿样底部掏槽

2.1.2　人工套芯取样法

原状粗坯取样法主要满足室内模拟原样浸矿的需求，但实际取样过程中发现山体上覆多为具有一定厚度的腐殖层，且多有地表植被，难以找到直接裸露的稀土矿层。同时大尺寸的粗坯在运送过程中难以保证其完整性。而室内柱浸试验试样多采用重塑而成，无须现场开挖大尺寸粗坯，由此原状矿样的获取可以采用套芯取样的方法。传统机械钻机多采用回转冲击的方式，对风化状黏土体的破坏极大，难以获得完整的原状矿样。因此，课题组经过研发，研制成功一种适用于离子型稀土矿山的原状土取样的简易装置，如图 2.3 所示[55]。采用人工套芯取样方法成功获得原状稀土矿样。

人工套芯取样法利用已经施工完成且通达矿体的注液井，将装置放入注液井，底部的取土器直接接触井底矿体，通过上端固定的施力圆盘、螺纹杆和传力圆盘将垂直压力和回转力传递至取土器，在注液井底部利用收集筒周边的圆弧状刀刃实现矿体的回转切割，使得土体慢慢脱离原矿进入收集筒，收集筒取出后利

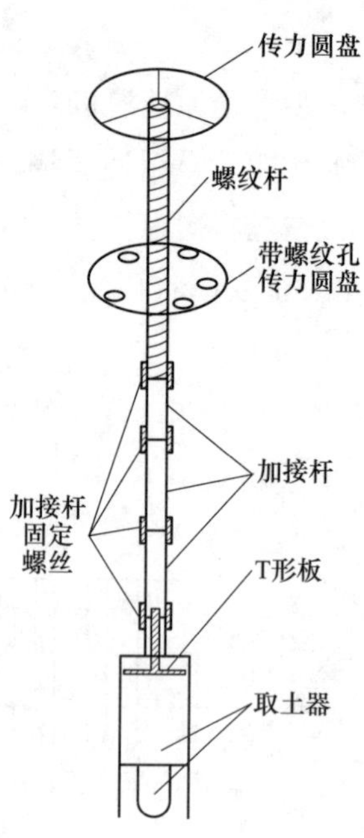

图 2.3　原状稀土矿样简易取样装置

用上面固定的 T 形板将桶内矿样慢慢推出，形成较为完整的圆柱状稀土试样。为防止含水率变化，取得试样后及时用保鲜膜封装运回实验室。现场取样如图 2.4 所示。

图 2.4　现场取样

2.2 稀土矿样物理特性

2.2.1 原状土样的物理指标

2.2.1.1 原状稀土密度

将取回的原状稀土矿样放入实验室，立即进行含水率、天然容重、密度和孔隙率等物理参数测试，测试方法采用《土工试验方法标准》（GB/T 50123—2019）的标准方法[56]。

原状土样的密度与容重采用蜡封法测定，将取回的原状试样采用削土刀将圆柱体试样划分为多个部分，每部分体积不小于 30cm^3，削除试样表面的浮土和棱角，在天平上称其质量，将石蜡加热融化，利用细线悬原状挂稀土试样浸入石蜡中，试样完全覆盖后取出，天平再次称其质量，然后放入蒸馏水中，再次取出擦去水珠，称其质量，保证与石蜡中取出的质量相差在 0.03g 以内，则可以利用蜡封法计算原状稀土试样密度（见图 2.5）。

(a)

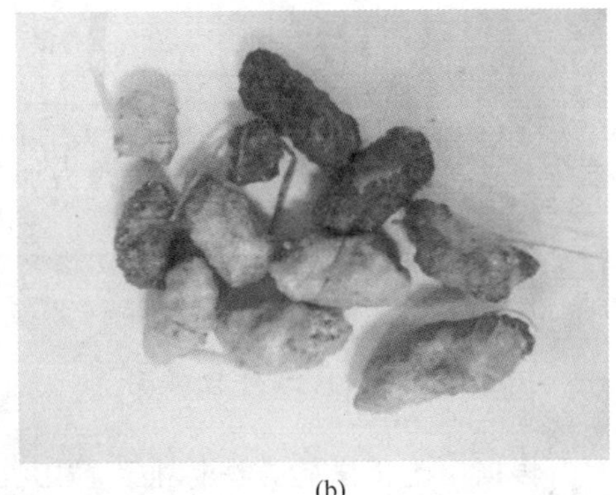

(b)

图 2.5 蜡封法测试原状试样

（a）分割后的原状土样；（b）蜡封后的原状土样

以单位体积土的质量定义土的密度，用 ρ 表示，单位为 g/cm^3。

$$\rho = \frac{m}{v} \tag{2.1}$$

本书对原状土密度测试采用蜡封法，测试结果见表 2.1。

表 2.1　原状土样密度测量

测量次数	土块质量/g	封蜡后质量/g	排水体积/cm^3	封蜡体积/cm^3	土块体积/cm^3	密度/$g \cdot cm^{-3}$	平均值/$g \cdot cm^{-3}$
1	7.86	8.59	5.5	1	4.5	1.74	1.75
2	9.04	9.68	6	1.1	4.9	1.84	
3	26.79	28.20	17	3	14	1.91	
4	21.82	23.30	16	3	13	1.67	
5	29.82	32.75	22	5	17	1.75	

2.2.1.2　原状土样容重

以单位体积土的重量定义稀土矿容重，用 γ 表示，单位为 kN/m^3，表达式如下：

$$\gamma = \frac{W}{v} = \frac{mg}{v} = \rho g \tag{2.2}$$

式中，W 为土的重量，kN；g 为重力加速度，$g=9.8m/s^2$。

$$\gamma = \rho g = 1.75 \times 10^{-6} \times 9.8 = 1.715 \times 10^{-5} kN/m^3 \tag{2.3}$$

2.2.1.3　原状土样含水率

根据《土工试验方法标准》（GB/T 50123—2019）[56] 烘干法试验步骤，测试原状土含水率。105～110℃恒温烘干，先称出天然湿土的质量 m，称干土的质量 m_s，则土中水的质量为 $m_w = m - m_s$，以土中水的质量与土粒质量之比定义为含水率，表达式为：

$$w = \frac{m_w}{m_s} \times 100\% \tag{2.4}$$

式中，m_w 为土中水质量，g；m_s 为干土质量，g。

试验结果见表 2.2，得到含水率平均值为 12.3%。

表 2.2 土样含水率

测量次数	土与承土器质量/g	烘干后总质量/g	烘干后减少质量/g	干土质量/g	含水率/%	平均值/%
1	397.4	370.3	27.1	231.1	11.7	12.3
2	356.9	336.5	20.4	146.8	13.8	
3	291.2	273.7	17.5	152.1	11.5	
4	302.1	281.9	20.2	165.2	12.2	
5	281.7	266.3	15.4	145.5	10.5	
6	269.4	254.4	15.00	140.7	10.6	
7	232.7	221.52	11.18	102.42	10.98	
8	215.9	203.78	12.12	90.08	13.4	
9	178.1	171.01	7.09	49.41	14.3	
10	188.8	180.63	8.17	59.83	13.6	

2.2.1.4 原状土样比重

测定方法：用比重瓶法测定。事先将比重瓶注满纯水，称瓶加水的质量 m_1，然后把烘干土若干克（m_s）装入空比重瓶内，再加纯水至满，称瓶加水加土的质量 m_2，按下式计算土粒比重（见表 2.3）。

$$G_s = \frac{m_s}{m_1 + m_s - m_2} \tag{2.5}$$

式中，m_1 为瓶加水质量；m_2 为瓶加水加土质量；m_s 为烘干土质量。

表 2.3 原状土土粒比重

比重瓶号	瓶加水质量/g	瓶加水加土质量/g	烘干土质量/g	土粒比重	比重平均值
1	129.38	138.853	5.660	2.671	2.675
2	134.888	144.279	5.613	2.673	
3	129.354	139.037	5.725	2.689	
4	134.840	144.225	5.614	2.669	

2.2.1.5　原状土样其他物理指标值

上述3个物理性质指标必须通过实验测得，利用这3个直接测量指标，依据三相关系换算出的各项指标见表2.4。

表2.4　矿体基本物理参数

直测参数	孔隙比/%	孔隙率/%	饱和度	干密度/g · cm^{-3}	饱和密度/g · cm^{-3}	浮重度
$\omega=12.3\%$ $\rho=1.75g/cm^3$ $G_S=2.675$	67.2	40.2	12.32	1.60	2.63	1.63

2.2.2　原状土样粒级

为了测定原状矿体试样中各粒组颗粒质量所占总质量的百分数，采用筛分法，利用孔径由上大下小依次排序一套筛子叠在一起，300g放入最上层置于振筛机上充分摇匀，称量出各级筛上土粒质量，按下式计算出小于某粒径的土粒含量百分数$x(\%)$

$$x=\frac{m_i}{m}\times 100\% \tag{2.6}$$

式中，m_i、m分别为小于某粒径的土粒质量及试样总重，g。

原状土样粒径级配见表2.5。

表2.5　粒径级配

粒径/mm	≥5	<5	<2	<1	<0.5	<0.25	<0.1	<0.075
土的百分含量/%	2.51	97.49	90.64	70.21	63.64	42.35	24.58	14.97

2.3　离子型稀土矿样化学元素及配分

2.3.1　稀土原矿化学元素及组成

离子型稀土矿的主要成分为黏土矿物、石英砂和造岩矿物长石，其中黏土矿物含量占40%~70%，主要有埃洛石、伊利石、高岭石和极少量蒙脱石。为了更好了解本书研究所用的稀土原矿元素组成情况，采用Axios max型X射线荧光光谱仪测定稀土原矿粉末的成分，测定结果为定性半定量结果，见表2.6。

表 2.6 稀土原矿组成成分测定结果

元素	校准状态	含量/%	状态
O	已校准	39.985	BgC；DC
F	已校准	0.164	BgC；DC
Na	已校准	0.136	BgC；DC
Al	已校准	12.435	BgC；DC
Si	已校准	26.388	BgC；DC
P	已校准	0.008	BgC；DC
S	已校准	0.013	BgC；DC
Cl	已校准	0.012	BgC；DC
K	已校准	4.800	BgC；DC
Ca	已校准	0.036	BgC；DC
Ti	已校准	0.015	BgC；DC
Mn	已校准	0.069	BgC；DC
Fe	已校准	1.005	BgC；DC；LoR
Zn	已校准	0.013	BgC；DC
Ga	已校准	0.005	BgC；DC
As	已校准	0.005	BgC；DC
Rb	已校准	0.119	BgC；DC；LoR
Y	已校准	0.020	BgC；DC
Zr	已校准	0.007	BgC；DC
W	已校准	0.010	BgC；DC
Pb	已校准	0.021	BgC；DC
Th	已校准	0.003	BgC；DC；IC
总计		85.3	—

2.3.2 稀土原矿离子相稀土含量

离子吸附型稀土矿原矿的全相稀土品位一般为0.05%~0.3%，其中稀土元素以离子的形态存在的占有75%~95%，而余下部分则以矿物相、胶态相及水溶相的形式存在。稀土原矿成分分析采用Agilent8800型ICP-MS分析仪，测得的稀土元素含量为全相稀土含量（REO），测试结果见表2.7。

表2.7 稀土原矿离子相稀土含量 （%）

样本	稀土氧化物							
	Y_2O_3	La_2O_3	CeO_2	Pr_6O_{11}	Nd_2O_3	Sm_2O_3	Eu_2O_3	Gd_2O_3
样本1	0.0256	0.00492	0.0132	0.00171	0.00717	0.00333	0.000076	0.00386
样本2	0.0244	0.00454	0.0077	0.0016	0.00661	0.00308	0.00007	0.00355
样本3	0.0253	0.00478	0.00905	0.00166	0.00687	0.0032	0.000074	0.00369
平均值	0.0251	0.00475	0.00998	0.00166	0.00688	0.0032	0.000073	0.0037
样本	稀土氧化物							
	Tb_4O_7	Dy_2O_3	Ho_2O_3	Er_2O_3	Tm_2O_3	Yb_2O_3	Lu_2O_3	$\sum RE_xO_y$
样本1	0.00071	0.00432	0.00087	0.00257	0.00041	0.00294	0.00044	0.07213
样本2	0.00065	0.00406	0.00083	0.00246	0.0004	0.00284	0.00042	0.06321
样本3	0.00068	0.0042	0.00085	0.00251	0.00041	0.00288	0.00042	0.06657
平均值	0.00068	0.00419	0.00085	0.00251	0.00041	0.00289	0.00043	0.0673

采用ICP-MS分析仪测定标准系列溶液，最终得到15项稀土氧化物Y_2O_3、La_2O_3、CeO_2、Pr_6O_{11}、Nd_2O_3、Sm_2O_3、Eu_2O_3、Gd_2O_3、Tb_4O_7、Dy_2O_3、Ho_2O_3、Er_2O_3、Tm_2O_3、Yb_2O_3、Lu_2O_3。离子相稀土总量为673μg/g。

2.4 室内试验试样重塑

根据试验规程要求及试验需要，重塑土样采用直径为50mm试样的击实器，具体参数：击锤为1kg，击锤落高305mm，仪器重量1.5kg，承模筒直径50mm，高度为120mm。重塑稀土试样仪器及样品如图2.6所示。

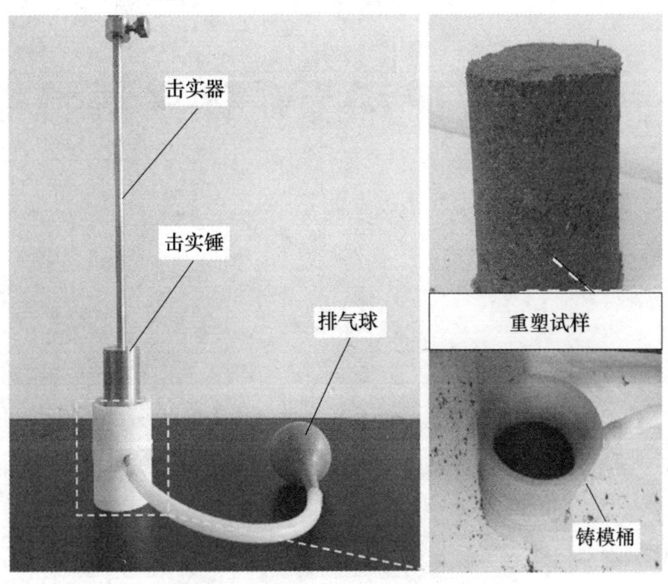

图 2.6　重塑稀土试样仪器及样品

实验所用的稀土试样由 3 个步骤制备而得：(1) 在稀土矿山取得扰动稀土矿样并运回实验室；(2) 将矿山获取的大量扰动后的稀土矿样进行筛分，按照未扰动试样的颗粒级配配合均匀（见表 2.5），并加入适量水，使其初始含水率与原状土相近；(3) 将第 (2) 步得到的稀土矿样装入固定容器中，采用击实法对容器中的矿样分次击实，根据装入土样的质量和体积计算，使试样密度与原状土样保持一致，从而得到与未扰动试样物理性质相似的重塑稀土试样。根据后续实验要求，分别制备径高为 ϕ50mm×100mm 和 ϕ50mm×60mm 两组重塑稀土试样。其中 ϕ50mm×100mm 的试样主要完成渗透系数测试对比实验，而 ϕ50mm×60mm 的试样主要为了适应后续核磁共振测试仪器对试样的要求。

具体重塑过程应注意待土样满足要求后用承膜桶和击实器（前期试验通过比对密度的方法找到合适的击实次数为 3 次）分 3 层击实，每次加土为 56g，每层以最大击实距离击 2 次，每层击实后进行刮毛处理，直至最后一次击实。

3 不同溶液浸矿稀土矿体渗透特性对比

3.1 不同溶液柱浸试验

本章主要通过试验结果对比分析浸矿离子交换作用对矿体渗透特性的影响，因此，选择的不同溶液主要包括去离子水和硫酸铵（$(NH_4)_2SO_4$）溶液，其中去离子水不含活泼阳离子，其浸矿过程与稀土矿体之间不存在离子交换反应，而硫酸铵溶液中存在大量的 NH_4^+，其活泼性超过稀土阳离子，在其浸矿过程中与 RE^{3+} 发生显著的离子交换。

3.1.1 浸矿液配置

3.1.1.1 去离子水

天然水和自来水中主要包含 Ca^{2+}、Mg^{2+}、Na^+、Cl^-、SO_4^{2-} 和 CO_3^{2-} 等无机杂质离子。为保证实验过程不受天然水中的离子干扰，实验采用去离子水浸矿。去离子水制备主要通过反渗透的方法将去除水中的离子杂质，利用反渗透技术可以有效去除水中的胶体，细菌、病毒、细菌内毒素和大部分有机物等杂质。本次试验首先通过预处理（即砂碳过滤器+精密过滤器）技术对水进行过滤，将过滤后的水体通过反渗透方法去除90%以上的水中离子，剩下的离子再通过混床交换除去，使出水电导率为0.06μS/cm左右[57]。制备后的水体基本不含无机杂质离子，完成制备后的去离子水采用专用贮罐存贮。其实验室制备工艺及设备如图3.1所示。

3.1.1.2 硫酸铵

为保证实验的精确性和可比性，硫酸铵浸矿液采用前面制备的去离子水作为主要溶剂，在溶剂中加入硫酸铵粉末，根据离子型稀土原地浸矿法浸矿药剂质量浓度为2.5%，本次所采用的硫酸铵浸矿液质量浓度为2%。根据计算结果在去离子水中加入适量的硫酸铵粉末。制备成功的硫酸铵浸矿液中仅包含 NH_4^+ 和 SO_4^{2-}。

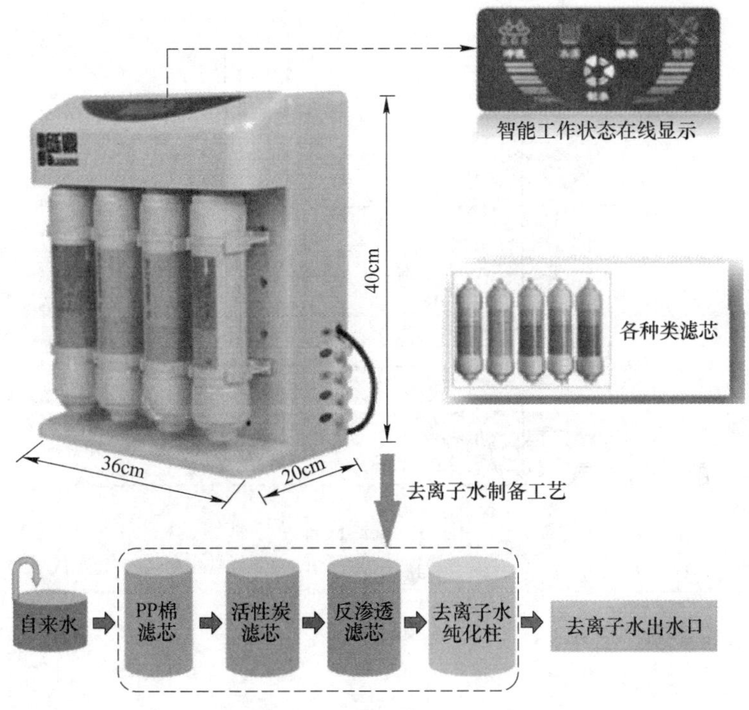

图 3.1 去离子水的制备

3.1.2 试验方法

针对饱和黏土的渗透性计算，目前普遍采用的是达西渗透定律[58]，见式（3.1）。

$$v = k\frac{\Delta h}{L} = ki \tag{3.1}$$

式中，v 为溶液的渗流速度，cm/s；i 为水力梯度，即土中两点的水头差（见图 3.2，为 h_1-h_2）与两点间的流线长度（L）之比；k 表示土的渗透系数，是与土的渗透性质有关的待定系数，cm/s。

尽管达西定律是基于沙土为试验对象建立起来的，但稀土矿体主要介质为黏土矿物，渗透性较差，溶液在其中流速较慢，雷诺系数在 1～10 范围内，所以浸矿剂在矿体中渗透流动属于层流，符合达西定律。因此由式（3.1）可以推导出式（3.2）和式（3.3）。

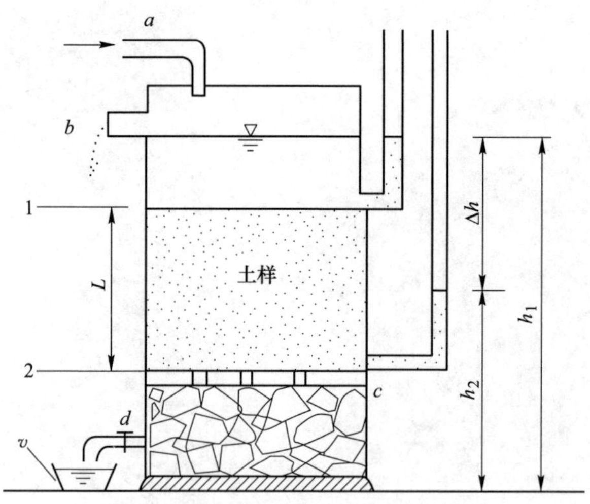

图 3.2　试验原理图

$$Q = vAt = kiAt = k\frac{\Delta h}{L}At \tag{3.2}$$

$$k = \frac{QL}{A\Delta ht} \tag{3.3}$$

式中，Q 为溶液的渗流量；A 为试样的横截面积；t 为渗透时间。

根据式（3.3），在已知溶液渗流量、试样高度与横截面积、试样上下两端面的水头差和渗透时间就可以计算出土样的渗透系数 k。

3.1.3　试验装置

为了测得浸矿过程中稀土试样受化学交换反应影响的可变渗透系数 k 值，以达西定律为基础理论，自主研发了适用于本书的一种离子型稀土浸矿过程渗透系数测定方法以及试验仪器，如图 3.3 所示[59]，实际原地浸矿过程中，浸矿母液在稀土矿层中浸注具有时间效应，即铵根离子逐渐交换稀土阳离子并下渗的过程，从这个客观条件出发，试验室自主研发的渗透系数测定方法并及试验仪器能真实、快速有效地模拟这个过程。具体试验仪器操作流程为：打开控制旋钮 10 流出浸矿液开始试验，首先对制备好的渗透试样模拟自然浸矿饱和，垫块空间充满水后，若调节管 4 内液面与测压管 6 液面、出水口 2 液面不相平，利用吸水球或注射器排尽测压管孔口和底部垫块空间内的残留气泡，三者相平后正式进行渗透系数测定试验，将调节管 4 放置于测压管 6 孔口齐平位置偏上一点（距底端

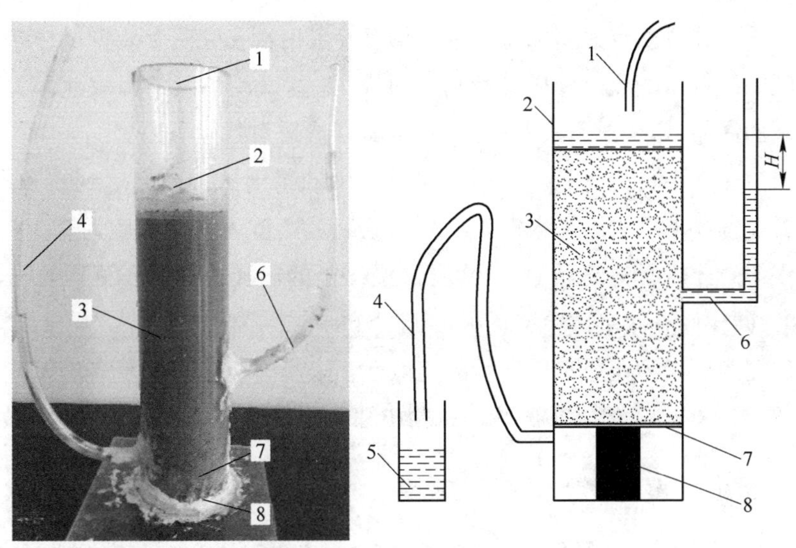

图 3.3 渗透装置

1—供水管；2—出水口；3—12cm 土样；4—调节管；5—量筒；
6—测压管；7—金属网及滤纸；8—垫块

6cm 左右)，预防试验过程中测压管内液体全下降完致使空气进入造成误差，量筒 5 放在调节管 4 出水口并同时打开秒表，量取时间 t 为 20min，记录测压管 6 内液柱下降的高度 Δh，读取量筒内出渗液的体积 Q，即完成了一次渗透系数 k 值测量，调节管 4 放下 1h 后提至略高于出水口 2 的位置，待三液面齐平后，重复以上测量步骤，根据式（3.3）计算试样渗透系数（式中，L 为试样高度，一般保持为 150mm)。

3.2 浸矿过程渗透系数变化规律

3.2.1 渗透系数对比测试方案

根据达西渗透原理，研制稀土矿体浸矿过程渗透系数测试装置。在装置内制备重塑稀土试样，试样制备方法见 2.4 节。为保证试样足够的渗透距离，试样高度为 150mm，直径为 40mm，密度为 1.75g/cm^3，含水率为 15%。试样初始稀土离子含量（REO）经全相检测为（0.065±0.003)%，含量符合试验要求。

分别在两个相同的实验装置中制备初始条件一致的稀土试样（由于制备依靠人工方法，试样原始孔隙度略有差别)，制备完成后，其中实验装置 1 中的稀土试样 A1 采用去离子水作为浸矿剂浸矿，实验装置 2 中的稀土试样 A2 同样采用去离子水浸矿，二者滴定速率保持一致，由于设置出水孔，两个装置试样上部的浸矿液高度始终保持一致。浸矿开始后，每隔 1h 测试浸矿液的出液速率 v 和测压管与液面的高差 Δh，根据式（3.3）计算试样渗透系数。

当出液速率不再变化后，证明试验装置中的稀土试样已经达到饱和。此时，试验装置 1 继续采用去离子水浸矿，而试验装置 2 改为质量浓度为 2.5% 的硫酸铵溶液浸矿。此后，每间隔 1h 继续测试浸矿液的出液速率 v 和测压管与液面的高差 Δh，同样计算两个试验装置中稀土试样的渗透系数。

测试完毕后，为避免单次试验的离散性，采用同样的方法在实验装置 2 中完成试样 A3 和试样 A4 的浸矿试验，试验步骤和测试方法与试样 2 保持一致。

3.2.2 去离子水浸矿渗透系数变化规律

A1 试样每间隔 1h 测试并计算其渗透系数，得到如表 3.1 所示的渗透系数计算结果，为了与后续硫酸铵溶液浸矿结果对比，本次共测试得到 17 组数据。测试结果变化如图 3.4 所示。

表 3.1　A1 试样渗透性测试结果

浸矿溶剂	参数	数值					
去离子水浸矿	时间/h	0	1	2	3	4	5
	渗透系数 /$\times 10^{-5}$ cm · s^{-1}	1.201	1.256	1.309	1.439	1495	1.553
去离子水浸矿	时间/h	6	7	8	9	10	11
	渗透系数 /$\times 10^{-5}$ cm · s^{-1}	1.614	1.619	1.614	1.604	1.606	1.598
去离子水浸矿	时间/h	12	13	14	15	16	17
	渗透系数 /$\times 10^{-5}$ cm · s^{-1}	1.594	1.596	1.592	1.589	1.590	1.588

从图 3.4 可以看出，采用去离子水浸矿，开始 0 ~ 6h，稀土矿体由非饱和状态逐渐过渡到饱和状态，随着去离子水在稀土矿体内部运移渗透，开始先逐步充

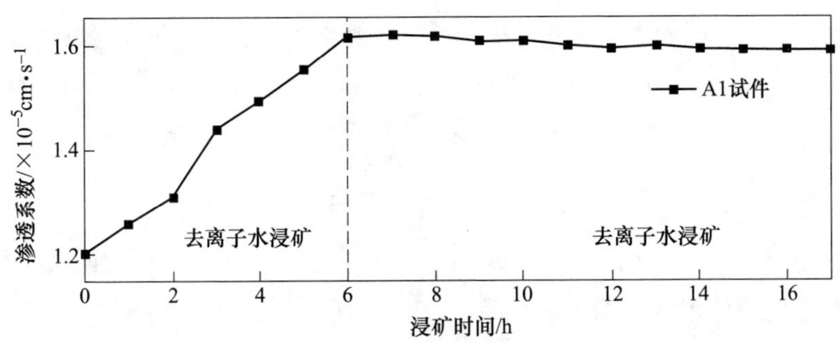

图 3.4 去离子水浸矿稀土试样渗透系数变化曲线

满矿体内部的孔隙，下部出水口浸出液的流速逐步增加，每隔 1h，测量测压管的高度，同时测量测压管和注液管液面的高差 Δh，根据达西定律（见式(3.3)），可以计算出渗透系数 k，从图 3.4 可以查看，在前 6h 之内，稀土矿体的渗透系数逐步增加，这主要是由于矿体处于非饱和–饱和过程中，装置下部出水口的渗流量逐步增加所致。浸矿时间超过 6h 之后，矿体内部的有效孔隙全部被去离子水所占据，矿体达到饱和状态，出液口浸矿液的流速达到稳定值，此时渗流量不再随时间增加，测压管和注液管液面的高差 Δh 也基本保持不变，所以 6～16h 稀土矿体的渗透系数不再变化，在图 3.4 中体现为渗透系数曲线变化平稳，基本保持为一条直线。对照表 3.1，6h 之后，稀土矿体渗透系数的范围稳定在 $1.58\times10^{-5}\sim1.61\times10^{-5}$cm/s 范围之内。这一数值正是稀土矿体（粉质黏土矿物）的渗透系数。在 6～17h 之间，渗透系数略有下降，除去测量误差影响之外，极有可能是浸矿液渗透引起局部颗粒运移的原因。

3.2.3 硫酸铵浸矿渗透系数变化规律

与去离子水浸矿所不同，采用硫酸铵浸矿，浸矿剂中包含大量的 NH_4^+ 和 SO_4^{2-}，其中阳离子 NH_4^+ 的活性大于稀土矿体中的 RE^{3+}，因此两者会发生强烈的化学置换反应，反应过程遵循等量代换的原则，化学置换方程式见式（3.4）[60]。

$$[Al_4(Si_4O_{10})(OH)_8]_m \cdot xRE^{3+}\ (s) + \frac{3x}{y}SE^{y+}\ (aq) \rightleftharpoons$$

$$[Al_4(Si_4O_{10})(OH)_8]_m \cdot \frac{3x}{y}SE^{y+}\ (s) + xRE^{3+}\ (aq) \tag{3.4}$$

式中，$Al_4(Si_4O_{10})(OH)_8$ 代表矿体中的高岭土，是稀土矿体的主要成分；RE^{3+} 代表稀土阳离子；SE^{y+} 代表不同价态的更为活泼的阳离子（NH_4^+、Na^+、Mg^{2+}、Al^{3+} 等）。

由于本次浸矿药剂主要为硫酸铵，式（3.4）中的 SE^{y+} 可以用 NH_4^+ 代替，溶液中的 SO_4^{2-} 与稀土阳离子结合，则式（3.4）转化为式（3.5）。

$$2(\text{高岭土})^{3-}\cdot RE^{3+} + 3(NH_4)_2\cdot SO_4 = 2(\text{高岭土})^{3-}\cdot(NH_4^+)_3 + RE_2(SO_4)_3 \quad (3.5)$$

试验装置 2 中的 A2 试样首先采用去离子水饱和之后，采用硫酸铵继续浸矿，得到表 3.2 所示的渗透系数计算结果，与去离子水浸矿相同，本次共测试得到 17 组数据。测试结果变化如图 3.5 所示。

表 3.2　A2 试样渗透性

浸矿阶段	名称	数　值						
去离子水浸矿阶段	时间/h	0	1	2	3	4	5	6
	渗透系数/$\times10^{-5}$cm·s^{-1}	1.199	1.210	1.248	1.382	1.548	1.618	1.622
硫酸铵浸矿阶段	时间/h	7	8	9	10	11	12	13
	渗透系数/$\times10^{-5}$cm·s^{-1}	1.616	1.530	1.431	1.384	1.345	1.314	1.294
	时间/h	14	15	16	17			
	渗透系数/$\times10^{-5}$cm·s^{-1}	1.320	1.401	1.441	1.444			

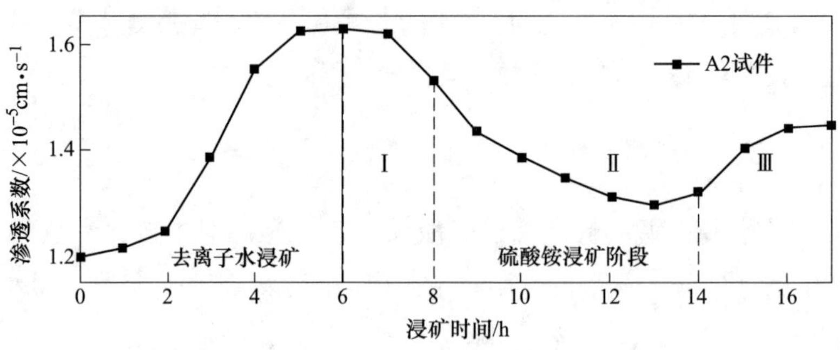

图 3.5　硫酸铵浸矿试样渗透系数变化曲线

从图 3.5 可以明显看出，试样 A2 在前 6h 的去离子水饱和过程中，渗透系数逐步增加，渗透系数变化与试样 A1 基本一致。浸矿时间为 6h 时，试样达到饱和状态。此时将浸矿液更换为2.5%的硫酸铵溶液。从浸矿液更换之后，试样A2的渗透系数开始减小，后续持续浸矿至13h，试样渗透系数一致减小。13h之后，渗透系数再一次开始增加。与试样A1对比可知，在浸矿液速率一致的情况下，硫酸铵溶液浸矿，试样渗透系数出现先减小后增大的变化趋势。由于土体的渗透性取决于试样内部结构和浸矿溶液的物理化学特性，而试样A1和A2采用同样的重塑方法得到，其初始渗透系数一致，因此引起A2试样渗透率发生显著变化的原因是浸矿溶液。

试样A3、A4初始渗透系数均小于试样A1、A2，试样A3、A4所采用的浸矿方式和A2完全一致，即先采用去离子水饱和，然后采用硫酸铵浸矿，其目的主要是发现试样初始渗透性对后续浸矿过程渗透系数的影响。

为了分析不同初始渗透性试样浸矿过程中的渗透系数变化规律，在进行浸矿渗透系数变化测定试验时，选择了同批次稀土重塑具有不同初始渗透性的A2、A3、A4试样进行试验，A2、A3、A4试样渗透系数值见表3.2～表3.4，渗透系数变化曲线如图3.6所示。由图3.6可以看出，尽管A3、A4试样初始渗透系数小于A2，但依然在6h附近达到饱和状态，渗透系数的增长幅度基本一致。饱和后将浸矿剂改为硫酸铵溶液，后续试样A3、A4渗透系数变化规律和试样A2保持一致。但变化幅度明显减弱，且初始渗透系数越小，变化幅度越弱。由此可知，硫酸铵浸矿过程中，试样的初始渗透性决定了后续渗透系数的变化幅度。

表3.3 A3试样渗透性

浸矿阶段	名称	数值						
去离子水浸矿阶段	时间/h	0	1	2	3	4	5	6
	渗透系数/$\times10^{-5}$cm·s^{-1}	0.997	0.996	1.098	1.156	1.237	1.399	1.409
硫酸铵浸矿阶段	时间/h	7	8	9	10	11	12	13
	渗透系数/$\times10^{-5}$cm·s^{-1}	1.423	1.408	1.336	1.297	1.271	1.202	1.194
	时间/h	14	15	16	17			
	渗透系数/$\times10^{-5}$cm·s^{-1}	1.243	1.284	1.286	1.285			

表 3.4　A4 试样渗透性

浸矿阶段	名称	数　值						
去离子水浸矿阶段	时间	0	1	2	3	4	5	6
	渗透系数/×10^{-5}cm·s^{-1}	0.807	0.893	0.823	1.095	1.112	1.160	1.221
硫酸铵浸矿阶段	时间	7	8	9	10	11	12	13
	渗透系数/×10^{-5}cm·s^{-1}	1.198	1.169	1.146	1.147	1.120	1.109	1.104
	时间	14	15	16	17			
	渗透系数/×10^{-5}cm·s^{-1}	1.134	1.143	1.174	1.181			

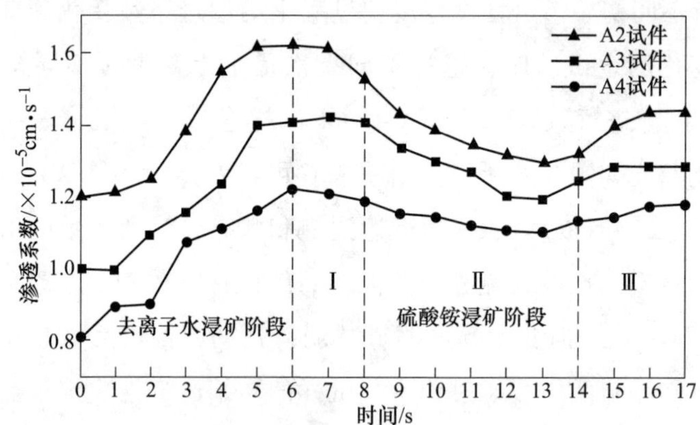

图 3.6　不同初始渗透性试样渗透系数变化曲线

3.3　浸矿过程试样内部化学反应强度

硫酸铵浸矿渗透系数发生变化极有可能与浸矿液和矿体之间的离子交换关系密切，因此，应进一步判明浸矿过程稀土试样内部离子交换的强度，从而与渗透系数的变化规律进行对比分析，得到稀土矿体渗透性变化的原因。

3.3.1　试验方法

试验所采用稀土试样的物理特性和具体尺寸与 3.2 节中重塑稀土试样保持完全一致，重塑完成后，若干试样同时开始浸矿试验，整个浸矿实验分为两个步骤：(1) 均选用去离子水作浸矿液（拟浸矿 6h，前期尝试性试验发现去离子水浸矿 4h 后渗流场趋于稳定)，该过程不涉及化学置换反应；（2）继续浸矿11h，前期尝试性试验发现硫酸铵浸矿到 15h 时稀土离子含量基本保持不变即化学反应趋于平衡，一半试样仍采用去离子水作浸矿液，另一部分浸矿液更换为工业试验常用的硫酸铵溶液（浓度 2.5%），按照化学置换原理，浸矿液为硫酸铵溶液的部分试样将发生离子交换过程。每隔 1h，取 6 个稀土试样进行稀土离子含量检测（纯水浸矿和硫酸铵溶液浸矿的各取 3 个）。检测时取 6 个完整稀土试样进行烘干粉碎成粉末状，经 Agilent8800 等离子体质谱仪分析检测获取每个间隔时段试样中的剩余稀土含量（REO），检测设备及测试原理具体在第 5 章进行详细叙述。以此表征浸矿离子交换过程并判别离子吸附型稀土试样化学反应强度。

由于浸矿过程中每隔 1h 从中任选 6 个试件进行稀土离子含量试验（7 ~ 17h 阶段从不同浸矿液组中每隔 1h 任选三个试件测试)，因此测得的不同浸矿时刻的稀土离子含量并非同一个试件。但由于重塑稀土试样所用土样、重塑方法及其他物理性质基本一致，故本书实验在研究时认定所有试件在相同试验条件下具有相同的变化规律，因此对测定的相同试验条件下的稀土含量值求平均值处理，降低试验数据的离散型，提高实验数据的真实性。重塑稀土试样浸矿试验如图 3.7 所示。

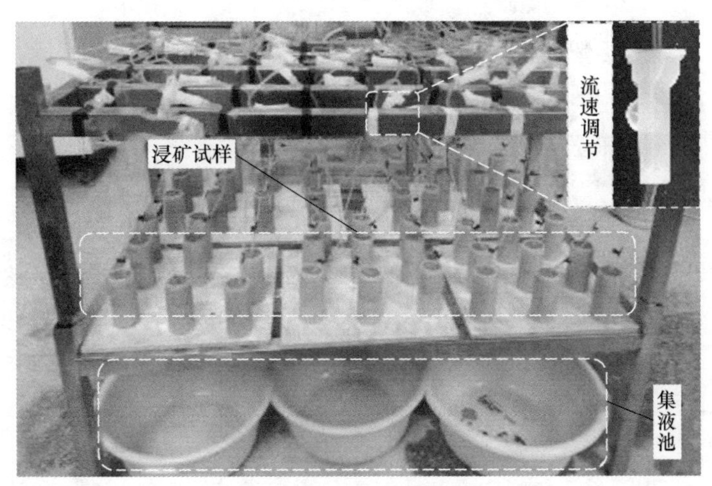

图 3.7 重塑稀土试样浸矿试验

3.3.2 浸矿 0 ~ 6h 稀土离子含量变化

从浸矿开始的 0 ~ 6h，浸矿液为去离子水，每隔 1h，选取其中的 6 个试样利用等离子体质谱仪 ICP-MS 测定试件剩余稀土含量，测试结果汇总于表 3.5。稀土离子含量随时间变化关系曲线如图 3.8 所示。

表 3.5　试样浸矿过程稀土含量（REO）值（0～6h）

浸矿液	浸矿时间/h	稀土含量（REO）/$g \cdot t^{-1}$						
		数据 1	数据 2	数据 3	数据 4	数据 5	数据 6	平均值
水	0	649	651	650	659	655	654	653
	1	652	652	652	652	651	654	652
	2	647	657	655	657	654	651	654
	3	657	657	652	657	650	654	654
	4	641	653	658	651	657	650	651
	5	639	659	654	652	651	657	652
	6	650	650	651	650	652	651	651

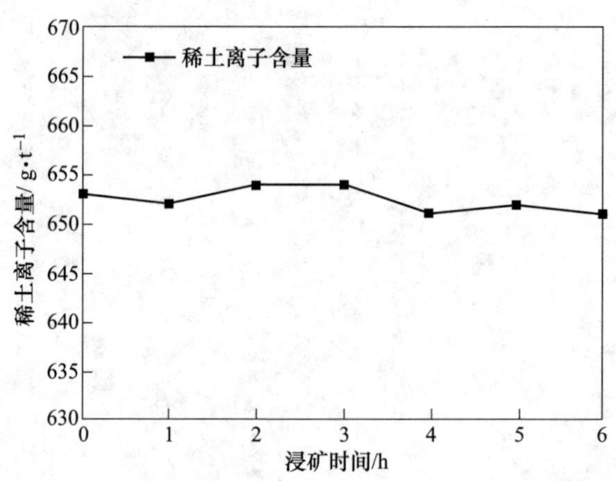

图 3.8　去离子水饱和过程试样稀土离子含量变化曲线

结合表 3.5 和图 3.8 分析可知，在 0～6h 内，试样的稀土含量变化不大，所有试样测试数值出现小幅度波动，这主要由于每次测试不是同一试样所致（试样虽然初始稀土含量相当，但个体间仍有差别）。由此分析可以得到，在利用去离子水作为浸矿液浸矿过程中，试样内部并未发生式（3.4）所示的离子交换反应，试样中的稀土阳离子并未随着浸矿液渗出。即表明此阶段不存在离子交换反应。

3.3.3 浸矿 7~17h 稀土离子含量变化

浸矿时间超过 6h 之后，将剩余试样等分为两组，一组继续采用去离子水浸矿，另一组改为 2.5% 的硫酸铵溶液浸矿，每隔 1h，从两组试样中分别取 3 个试样利用等离子体质谱仪 ICP-MS 测定每个试样的剩余稀土含量，测试结果见表 3.6 和表 3.7，两组试样稀土离子含量随时间变化关系曲线如图 3.9 所示。

表 3.6 试样浸矿过程稀土含量（REO）值（7~17h）

浸矿液	浸矿时间/h	稀土含量（REO）/$g \cdot t^{-1}$						
		数据 1	数据 2	数据 3	数据 4	数据 5	数据 6	平均值
水	7	652	652	652	—	—	—	652
	8	657	647	657	—	—	—	654
	9	653	654	655	—	—	—	654
	10	653	650	651	—	—	—	651
	11	659	652	652	—	—	—	654
	12	652	647	657	—	—	—	652
	13	655	654	656	—	—	—	655
	14	657	641	651	—	—	—	650
	15	653	652	652	—	—	—	652
	16	659	647	657	—	—	—	654
	17	652	657	657	—	—	—	655

注：表中“—”表示无计量数据。

表 3.7 试样浸矿过程稀土含量（REO）值（7～17h）

浸矿液	浸矿时间/h	稀土含量（REO）/g·t^{-1}						
		数据 1	数据 2	数据 3	数据 4	数据 5	数据 6	平均值
2.5%硫酸铵	7	—	—	—	636	641	642	640
	8	—	—	—	612	617	615	614
	9	—	—	—	555	560	542	552
	10	—	—	—	464	470	425	453
	11	—	—	—	366	356	311	344
	12	—	—	—	260	248	195	234
	13	—	—	—	188	175	125	163
	14	—	—	—	151	146	105	134
	15	—	—	—	105	100	85	97
	16	—	—	—	85	80	80	82
	17	—	—	—	85	83	82	83

注：表中“—”表示无数据记录。

第6h后，剩余的一半试样将浸矿液更换为浓度为2.5%的硫酸铵溶液，另一半继续使用纯水浸矿。结合表3.6和表3.7，继续用去离子水浸矿的试样在7～17h之间与前期0～6h离子稀土含量相似，在小范围内波动。从图3.9可知，浸矿液更换为硫酸铵溶液的另一半试样，稀土离子含量（REO）在逐步下降，6～8h（初始反应阶段）内REO含量下降较慢，主要由于该时间段浸矿液初始入渗，并未占据试样大量空间，含有稀土阳离子的浸矿液尚未大量渗出，仍然在试样母体中运移，随着时间推移，化学置换反应在试样母体中剧烈进行，含有稀土阳离子的浸矿液不断渗出，试样中的REO含量在8～14h（强烈反应阶段）急剧下

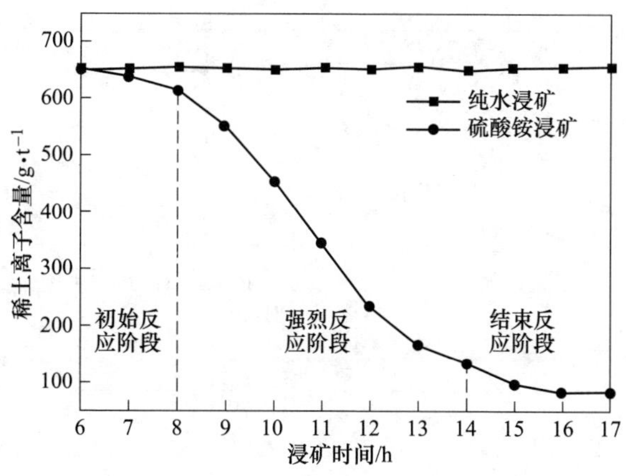

图 3.9 去离子水和硫酸铵持续浸矿试样稀土离子含量变化对比曲线

降，曲线下降斜率激增，这表明不同试样内部存在吸附–解析–再吸附的程度不相同。而后的 14 ~ 17h（初始反应阶段），试样中的 REO 含量下降至 100g/t 以下，且变化趋于平缓，说明 14h 以后，试样中的离子交换反应已经基本结束，离子相的稀土已经基本置换完毕。通过图 3.9 中两种曲线对比可知，去离子水浸矿，试样稀土含量不随时间变化，表面去离子水与矿体不发生化学反应，采用硫酸铵浸矿，试样稀土含量出现小幅减小—急剧减小—缓慢减小三个阶段，分别代表离子置换的初始反应阶段、强烈反应阶段和结束反应阶段。

3.4 不同溶液浸矿稀土矿体渗透性对比分析

由 3.2 节可知，去离子水和 2.5% 硫酸铵两种溶液浸矿，渗透系数变化规律差异较大，根据 3.2 节中的测试结果，得到图 3.10 的对比分析。

采用去离子水和硫酸铵两种溶液浸矿，浸矿液的注液速率和液面高度均保持一致，两种浸矿液的区别主要在于去离子水中不含活泼阳离子，而硫酸铵溶液中含有比稀土阳离子更加活泼的 NH_4^+，根据 3.3 节测试结果，采用硫酸铵溶液浸矿，浸矿液与矿体中间发生了剧烈的化学置换反应。对比实验中试样 1 和试样 2，其物理属性保持一致。浸矿液的渗流速度相同。去离子水中不含置换阳离子和活性阳离子，因此，其浸矿过程中不存在离子交换现象。而 $(NH_4)_2SO_4$ 浸矿液中包含置换阳离子 NH_4^+，浸矿过程中发生大量 NH_4^+ 和 RE^{3+} 的离子交换现象。由于 $(NH_4)_2SO_4$ 浸矿液浓度仅为 2.5%，两种浸矿液黏度系数差别很小。可以认

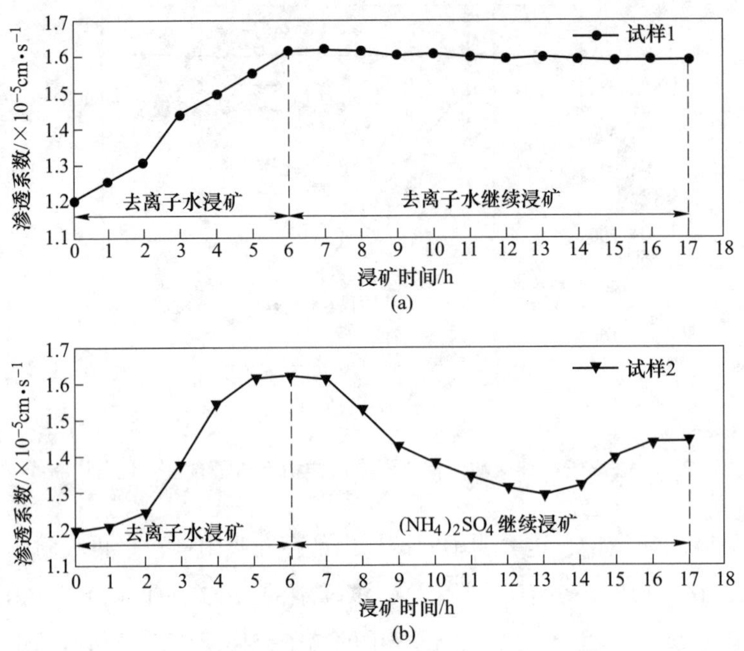

图 3.10　不同溶液浸矿稀土矿体渗透性对比

为两种溶液渗流作用对矿体颗粒的影响基本相同。实验开始后，试样 1 和试样 2 分别用去离子水饱和，6h 后，试样 1 和试样 2 液体注入量和渗出量完全一致，证明试样已经饱和。在此过程中，每隔 1h 根据测试结果计算试样渗透系数。从图 3.10 可知，去离子水饱和阶段渗透系数逐渐增大，6h 后不再变化。此时，试样 1 继续采用去离子水浸矿，而试样 2 的浸矿液改变为 2.5% 的 $(NH_4)_2SO_4$ 溶液，同样，每间隔 1h 分别计算两个试样渗透系数。从图 3.10 可知，后续浸矿过程中，试样 1 渗透系数基本保持不变，而试样 2 的渗透系数在 6～13h 之间逐步减小，从 13h 后开始增加，并且在 17h 后不再变化。对比试样 1 实验结果发现，试样 2 渗透系数出现先增大后减小的变化趋势，根据 3.3 试验内容分析，6～13h 正好对应强烈化学反应阶段，而 13～17h 对应化学反应结束阶段，充分说明渗透系数变化正是由于 NH_4^+ 和 RE^{3+} 置换现象引起。初始饱和阶段，在渗透力作用下附着在矿体内部微细颗粒随着去离子水运移脱离矿体，矿体内部结构开始有利于溶液渗流，矿体渗透系数增大。当矿体饱和后，继续采用去离子水浸矿，矿体内部孔隙结构区域稳定，矿体渗透系数保持不变。如果采用 2.5%

的 $(NH_4)_2SO_4$ 溶液浸矿，强烈的化学反应起主导作用，致使稀土矿体内部孔隙结构不利于溶液渗流，矿体渗透系数降低，当化学置换反应完全结束后，溶液的持续渗透力再次发挥主体作用，使矿体渗透系数再次增大。因此，通过对比发现离子交换和溶液渗流对稀土矿体渗透性具有显著影响，其中离子置换反应不利于溶液在矿体中渗流。

4 浸矿过程稀土试样微观孔隙结构动态演化

4.1 测试方法

4.1.1 NMR 测试原理

核磁共振（Nuclear Magnetic Resonance，NMR）测试技术作为一种新型的检测技术已经在岩土工程领域取得了广泛的应用[61]。其最大的特点是不破坏岩土体结构而快速准确且定量化地测试其孔隙度、孔径分布等微观结构[62~65]。对于分析浸矿过程稀土矿体微观结构演化是最为适用的检测技术。核磁共振测试技术是通过检测试样孔隙内流体中的氢质子与外加磁场相互作用，从而获取氢质子有关信息的测试技术。测试时，将试样放入测试腔中，然后施加一定频率的射频脉冲，则样品中的自旋氢核将吸收特定频率的电磁波，从低能态跃迁至高能态，磁化矢量偏离平衡状态。当停止射频脉冲后，氢原子核以电流信号释放吸收的能量，自旋氢核则从不平衡状态恢复到平衡状态，这个过程叫弛豫过程，所需时间为弛豫时间。

根据 NMR 的弛豫原理，测试介质孔隙中存在横向自由弛豫、横向表面弛豫以及扩散弛豫，则横向弛豫时间可以表述为式（4.1）[66~68]。

$$\frac{1}{T_2}=\frac{1}{T_{2B}}+\rho_2\left(\frac{S}{V}\right)+\frac{D(\gamma G T_E)^2}{12}\frac{1}{T_2}=\frac{1}{T_{2B}}+\rho_2\left(\frac{S}{V}\right)+\frac{D(\gamma G T_E)^2}{12} \tag{4.1}$$

式中，T_{2B} 为试样内部流体的自由弛豫时间，ms；ρ_2 为横向表面弛豫强度，μm/ms；S 为孔隙表面积，μm^2；V 为孔隙体积，μm^3；D 为扩散系数，$\mu m^2/ms$；γ 为磁旋比，$(T\cdot ms)^{-1}$；G 为磁场梯度，$10^{-4}T/\mu m$；T_E 为回波间隔，ms。

因为 T_{2B} 的值为 2000~3000ms，且 $T_{2B}>>T_2$，自由弛豫时间的倒数这项可以忽略不计；在测试时，试验仪器内部的永磁体温度调节并稳固在（32±0.1）℃，保证了测试磁场的稳定性、均匀性，T_E 的值足够小，因此右边第三项也可以忽略不计。式（4.1）可以简化为：

$$\frac{1}{T_2}=\rho_2\frac{S}{V} \tag{4.2}$$

进一步简化式（4.2）得到：

$$\frac{1}{T_2}=\rho_2\frac{2}{R} \tag{4.3}$$

ρ_2 的值与待测材料物理化学特性有关，在本次试验中所用材料均为同种类型的稀土矿，因此不予以考虑。由式（4.3）可知，T_2 的大小与多孔介质的孔隙半径大小成正相关，T_2 越小，则孔隙半径就越小；T_2 越大，则孔隙半径就越大。同时，T_2 谱峰值与孔隙数量也呈正相关，随着峰值增大，该孔径下的孔隙数量越多。因此，通过测试得到采用不同溶液浸矿后，试样的 T_2 图谱可以得到试样内部孔隙的孔径变化信息和不同孔径孔隙的占比信息，从而反映稀土试样孔隙结构特征[69]。

4.1.2 实验方法

试样微观孔隙结构采用 PQ-001 型核磁共振仪测试，试验仪器如图 4.1 所示。测试仪器的永磁体具有 0.52T（特斯拉）的磁场强度，试样的测试有效区域为 ϕ60mm×60mm。试验过程中为了保证试验磁场的稳定性、均匀性以及测试结果的精准性，永磁体的温度保持在（32±0.01)℃，保证试验磁场的稳定性与均匀性，同时试验室内其他仪器尽量不开动以减少电磁干扰。

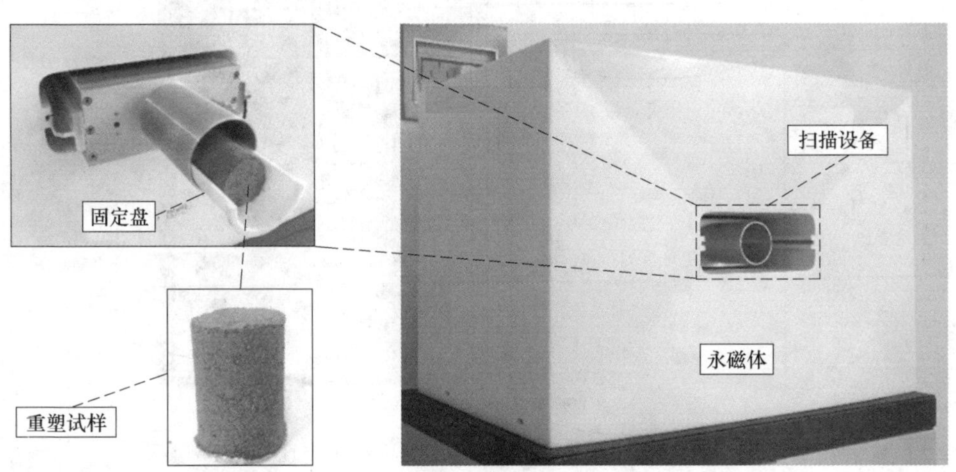

图 4.1 岩土微结构分析仪

试验所采用的稀土试样依然采用重塑的方法获取。为了与核磁共振测试仪所测试的有效区域保持一致，本次试验所采用的试样规格为 ϕ40mm×60mm。浸矿之前获取代表性试样 6 个，编号分别为 A1 ~ A6，具体浸矿试样方法与第 3 章保持一致，第一个阶段利用去离子水浸矿 6h，第二个阶段从第 7h 开始，浸矿液改为硫酸铵溶液，持续浸矿至 17h。在上述两个阶段的浸矿过程中，根据浸矿间隔时间，每间隔 1h 取上述浸矿后的 6 个试样进行微观孔隙结构分析检测，检测完毕后同样的试样继续浸析，保证每次微观结构检测为同一试样，如此得到浸矿后试样孔隙率、孔径分布情况以及试样孔隙结构反演图像，基于此分析稀土矿体浸矿过程微观结构的演化规律。

为了更加直观反映出试样孔隙结构演化规律，将试样孔隙结构测试结果按空间坐标进行三维重构，重构结果可利用图像反演的方法展示，由于仪器设备仅能展示二维反演图像，因此反演图像选择具有代表性的剖切面。本次试验采用浸矿液保持一定高度（2cm）的柱浸试验，渗流的主方向为沿轴线由上至下。最具有代表性的是沿母线的剖切面。因此，孔隙结构三维重构之后进行纵向二维剖切投影显示，纵向的剖切投影用于反映浸矿过程试样在竖直方向上试样内部微细颗粒运移情况。鉴于浸矿液渗透方向沿试样轴线各个方向，因此纵向代表性的剖切面选择平行试样中部轴线方向，如图 4.2 所示。

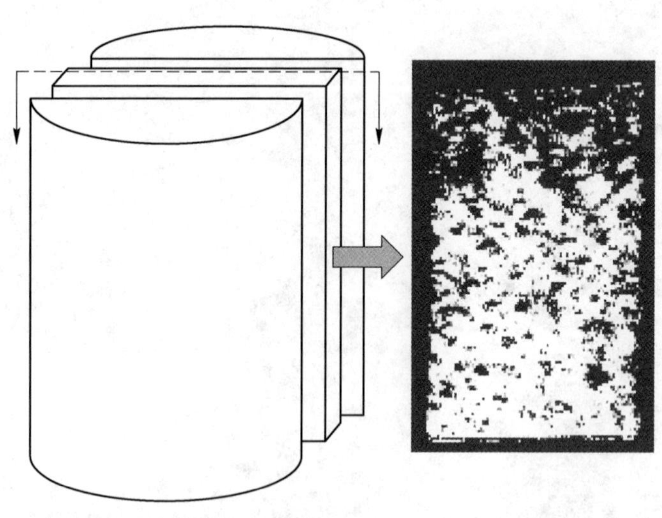

图 4.2　试样剖切图像重构

4.2 去离子水浸矿稀土试样微观结构动态演化

4.2.1 浸矿过程孔隙度分析

浸矿开始后，每间隔 1h 取同一稀土试样进行核磁共振测试，获得试样不同浸矿时间段的试样孔隙度，去离子水浸矿过程得到 6 个试样初始孔隙度以及不同浸矿时刻的孔隙度汇总见表 4.1。结合试验过程及核磁共振测定的孔隙度分布数据，可以得到不同浸矿液不同时刻重塑稀土试样的孔隙度-时间变化曲线如图 4.3 所示。由表 4.1 和图 4.3 可知，A1 ~ A6 试样初始孔隙度基本一致，去离子水浸矿 1h 后，孔隙度由初始孔隙度 23% 左右上升至 37% 左右，说明去离子水的物理渗流作用使得渗流通道附着的细颗粒随流体移动，改变了内部孔隙结构；在去离子水浸矿的 1 ~4h 间，随浸矿时长增加渗流场逐渐趋于稳定，在去离子水的物理渗流作用下，孔隙度呈现略微下降趋势，去离子水浸矿 4 ~6h 后，6 组试样的孔隙度不再下降，基本保持一致。矿体的孔隙率是影响矿体内流体渗透性能的重要参数，矿体中的孔隙有有效孔隙和无效孔隙之分，只有有效孔隙才能产生渗流，而无效孔隙对渗流的大小无影响。所谓无效孔隙主要分为 3 类：不连通孔隙、半连通孔隙和连通但渗透水流不能穿过的孔隙。其中第 3 类孔隙主要指土颗粒周围结合水膜所占的孔隙。对于粗粒土来说，无效孔隙以不连通和半连通孔隙为主，结合水膜所占孔隙的份额非常小。但对黏性土而言，由于颗粒很细小，不连通和半连通孔隙所占比例很少，而结合水膜占据的孔隙份额则很大。在整个去离子水浸矿过程中并无稀土离子浸出，也就是说去离子水浸矿矿体内部并无离子置换反应，随着去离子水的持续注入使矿体孔隙结构得到发育，直到试样完全饱和，试样内部主要渗流通道全部连通，即使后期继续注入去离子水，试样的孔隙结构不会再次发生改变。离子吸附型稀土矿矿石的矿物组成主要是由黏土矿物、石英砂和造岩矿物长石等构成，黏土矿物占据绝大部分，用于重塑试样的稀土矿样颗粒细小，试样饱和之后其内部无效孔隙主要是结合水膜占据的孔隙，而这部分的孔隙对流体的渗流的大小没有影响。

表 4.1 浸矿 0 ~ 6h 试样孔隙度

浸矿溶剂	浸矿时间/h	不同试样孔隙度/%					
		A1	A2	A3	A4	A5	A6
去离子水	0	22.891	23.014	23.190	23.181	23.023	22.978
	1	37.568	36.662	36.918	36.244	36.562	36.744

续表 4.1

浸矿溶剂	浸矿时间/h	不同试样孔隙度/%					
		A1	A2	A3	A4	A5	A6
去离子水	2	35.743	35.850	34.820	35.308	35.463	34.987
	3	33.815	34.673	34.240	34.637	34.265	33.895
	4	33.579	34.553	34.491	34.309	33.333	34.562
	5	34.999	35.156	34.924	35.034	34.523	34.651
	6	34.976	35.674	34.559	35.041	35.012	35.003

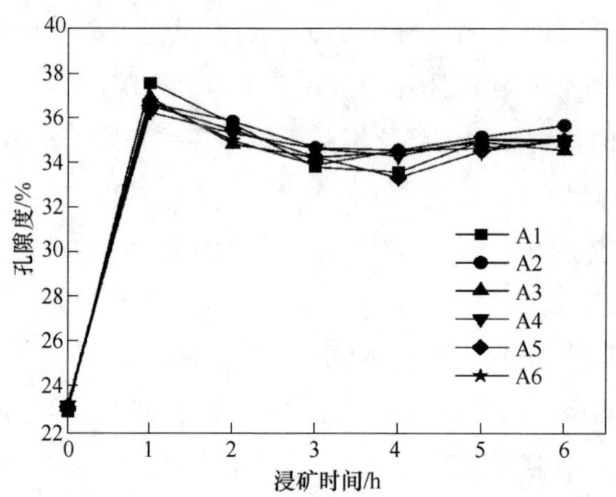

图 4.3 去离子水浸矿 0～6h 试样孔隙度-时间变化曲线

4.2.2 核磁共振测试 T_2 图谱

为了更好地分析去离子水浸矿过程稀土矿体微观孔隙结构动态演化规律，同时为了反映其中的普遍规律，选取了 6 个试样进行核磁共振孔隙结构测试，6 个试样编号分别为 A1～A6。去离子水浸矿过程试样的 T_2 图谱分布结果如图 4.4 所示。分析图 4.4 可知，一方面，A1～A6 试样浸矿 1h 后，试样的 T_2 谱曲线存在较明显不重合区域，试样仍然处于饱和阶段，试样内部的主要渗流通道逐步相互连接，这种连接是随机性的，因此，不同试样浸矿 1h 之后其 T_2 图谱曲线存在差异，随着浸矿过程的持续推进，6 组试样浸矿 2h 后，试样的 T_2 图谱曲线逐渐趋于重合。随着浸矿时长逐渐增加（浸矿 3h 后），6 组试样的 T_2 图谱曲线基本已经完全重合，这表明 6 个试样内部主要的渗流通道基本连通，后期的注液过程，液体的渗流路程已经稳定。而去离子水并不涉及化学置换反应，在试样已经达到饱和之后，在去离子水的物理渗流作用下，试样内部孔隙结构变化甚小。另一方面，试样某段半径尺寸孔隙占总孔隙的百分比称为孔隙半径占比，不同尺寸的孔隙半径分布情况可以反映试样在浸矿液入渗过程中微观孔隙结构的变化。T_2 图谱通过预设的布点检测试样每个布点的占比情况，根据 NMR 原理分析可知，T_2 的大小与多孔介质的孔隙半径大小成正相关，T_2 越小，则孔隙半径就越小；T_2 越大，则孔隙半径就越大。同时，T_2 图谱峰值与孔隙数量也呈正相关，随着峰值增大，该孔径下的孔隙数量越多。对比图 4.4（a）~（c）可知，6 组试样从非饱和状态到饱和状态，在去离子水的物理渗流作用下，试样内部大孔隙数量逐渐增多。

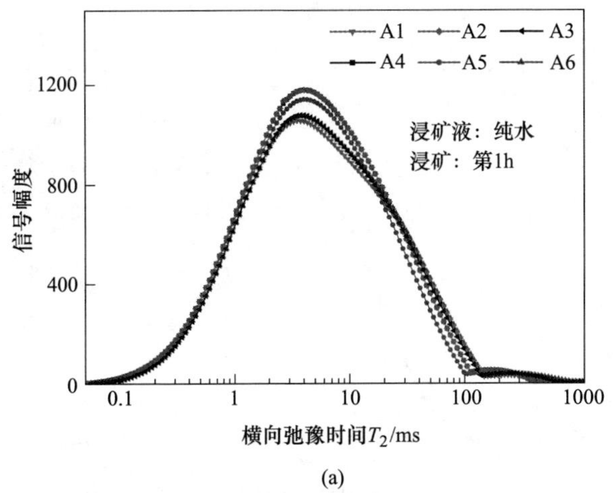

(a)

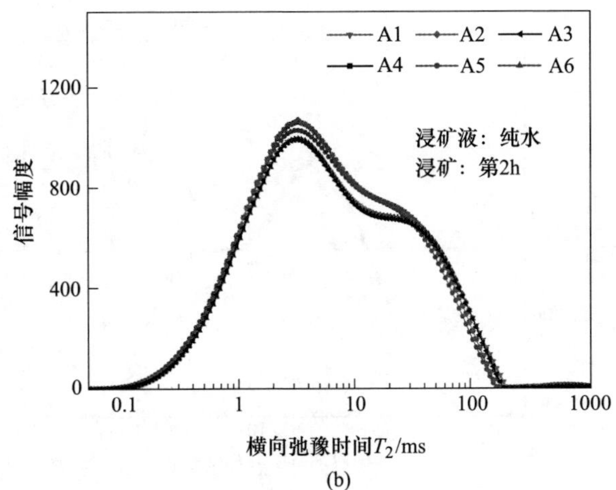

(b)

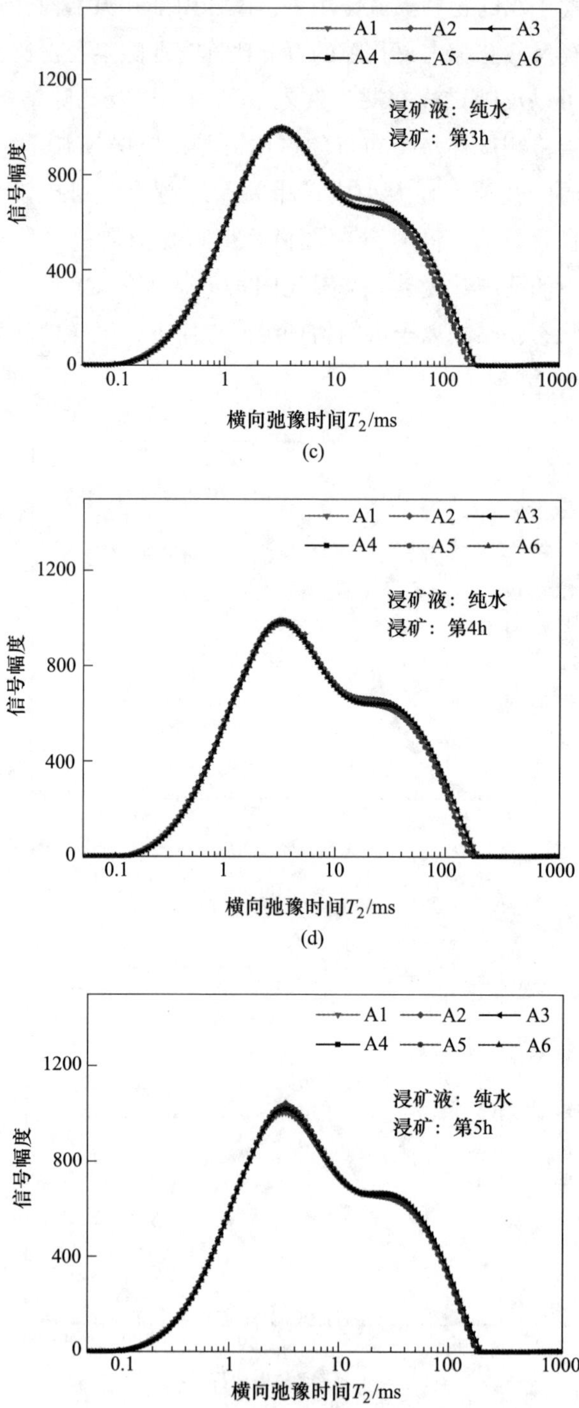
A1
A2
A3
A4
A5
A6
浸矿液：纯水
浸矿：第3h
信号幅度
横向弛豫时间T_2/ms
浸矿液：纯水
浸矿：第4h
浸矿液：纯水
浸矿：第5h

(c)

(d)

(e)

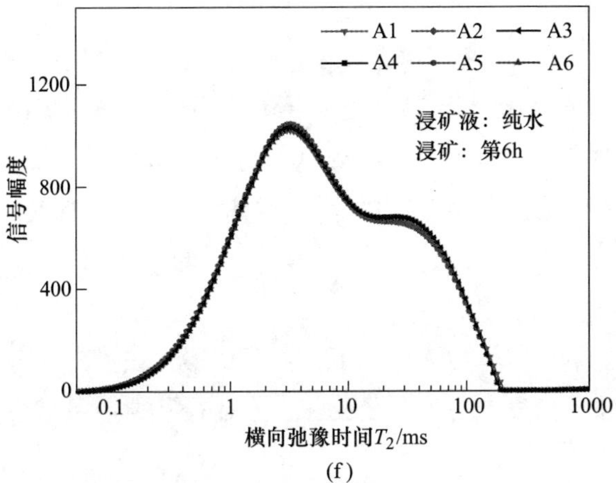

(f)

图 4.4 去离子水浸矿过程试样 T_2 图谱分布

(a) 去离子水浸矿 1h；(b) 去离子水浸矿 2h；
(c) 去离子水浸矿 3h；(d) 去离子水浸矿 4h；
(e) 去离子水浸矿 5h；(f) 去离子水浸矿 6h

为了更加直观地反映去离子水浸矿阶段试样 T_2 图谱分布规律，选取了具有代表性的一组试样得到其去离子水浸矿全过程的 T_2 图谱曲线，如图 4.5 所示。为了便于说明将 T_2 图谱分为 3 个区域：小孔区域、中孔区域以及大孔区域。从图谱曲线围成的面积可知，试验所制作的重塑稀土试样内部孔隙分布以中孔为

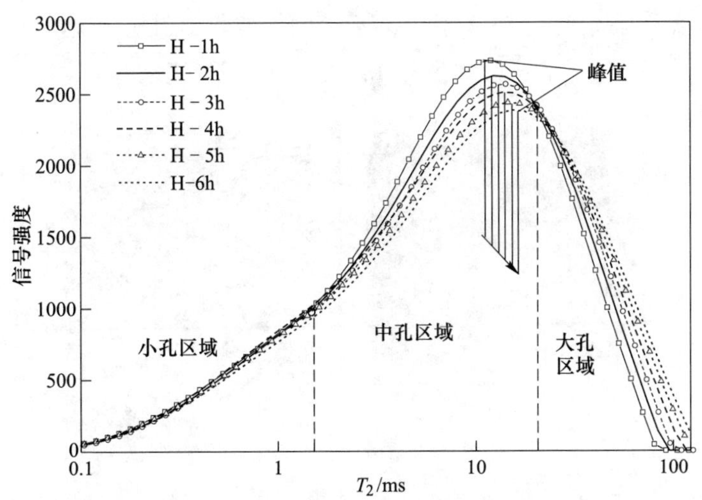

图 4.5 纯水浸矿阶段代表性试样 T_2 图谱

（H 代表纯水浸矿阶段）

主，对比1～6h的曲线分布可以看出，随着浸矿时间推移，中孔径孔隙区域曲线图谱发生明显变化，具体表现为峰值逐渐降低，同时波峰向右移动，结合核磁共振 T_2 图谱原理，说明中孔的数量在逐步下降，且 T_2 值右移表明中孔径的孔隙在逐步向大孔径孔隙变化。对大孔径孔隙区域分析可以发现，随着浸矿时间增长，T_2 图谱曲线的大孔径段在逐步向右移动，说明浸矿过程中试样内部的大孔径孔隙的尺寸也在逐渐增大。根据前文分析结果，1～6h去离子水浸矿不涉及离子交换反应，作用于试样内部孔隙的只有浸矿液体的渗流作用，属于单纯的物理过程。由此可知，在单纯液体渗流作用下，离子型稀土矿体内部微观结构的变化体现为：中孔径孔隙逐渐发展为大孔径孔隙，中孔径孔隙数量减少，大孔径孔隙数量增多。

4.2.3　孔隙结构反演图像

核磁共振成像技术是一种间接检测手段，通过检测试样孔隙内流体中的氢质子，形成可以反映流体在试样孔隙中的分布情况的图像。

图像中白色部分为水分子所在的区域，周围的黑色部分为组成试样的骨架结构所在的区域。采用去离子水作为浸矿剂，在该浸矿阶段内（1～6h），试样土体内部孔隙动态变化采用核磁共振成像技术进行测试分析，反演图像如图4.6所示。分析可知，采用去离子水浸矿，在去离子水的渗流作用下，试样内部主要渗流通道连通，试样土体内部的开放孔隙被去离子水充满，图像总体以“亮白”显示。随着浸矿时间延续，试样饱和之后，图像变化不明显，说明去离子水浸矿由于未涉及离子交换反应，试样内部孔隙并未发生明显改变。

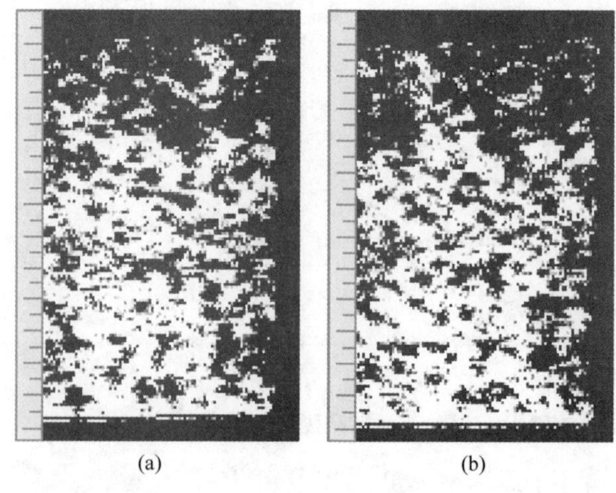

(a)　(b)

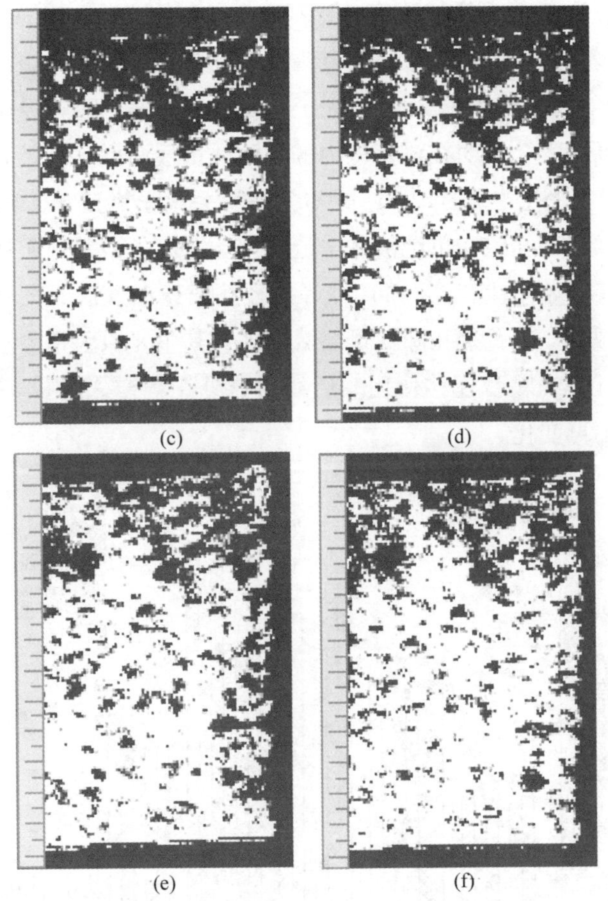

图 4.6 纯水浸矿试样孔隙结构反演图像（0～6h）
（a）1h；（b）2h；（c）3h；（d）4h；（e）5h；（f）6h

4.2.4 孔径动态演化统计分析

根据 6 组试样的核磁共振 T_2 图谱以及代表性试样的核磁共振 T_2 图谱（见图 4.4 和图 4.5）可知，试样孔隙的 T_2 图谱谱峰所对应的弛豫时间主要为 0.1～100ms，该范围较大，无法确定该区间试样内部详细的孔径变化情况，因此将孔径进行进一步划分为 6 个区间段：0～1μm、1～4μm、4～10μm、10～25μm、25～63μm 以及大于 63μm，进而分析去离子水浸矿过程稀土矿体孔隙结构动态演化规律。选取代表性试样不同浸矿时间段的不同孔径区段内孔隙的分布及含量变化如图 4.7 所示。分析图 4.7 可知，在去离子水浸矿中，半径在 0～1μm 的孔隙随着浸矿时间的推移该尺寸的孔隙百分比基本稳定在 10% 左右，随着浸矿过程的持续推进，其含量基本保持不变；半径在 1 ~ 4μm、4 ~ 10μm 以及 10 ~ 25μm 的孔隙，随着浸矿过程的持续推进，其占比逐渐减小，说明在该范围内的孔隙数量逐渐减少；半径在 25 ~ 63μm 以及大于 63μm 的孔隙，随着浸矿过程的持续推进，其占比逐渐增大，说明在该范围内的孔隙数量逐渐增多。结合分析代表性试样的核磁共振 T_2 图谱（见图 4.5）可知，采用去离子水浸矿，随着浸矿过程的持续推进，试样内部孔隙在单纯液体渗流作用下，离子型稀土矿体内部微观结构的变化体现为：开始阶段（0 ~ 4h）中等孔径孔隙逐渐发展为大孔径孔隙，中等孔径孔隙数量减少，大孔径孔隙数量略微增多。其主要原因是渗流物理作用对土体孔隙通道附近的细颗粒迁移作用。后续渗流处于稳定之后（4 ~ 6h），试样内部的孔隙结构不再变化。

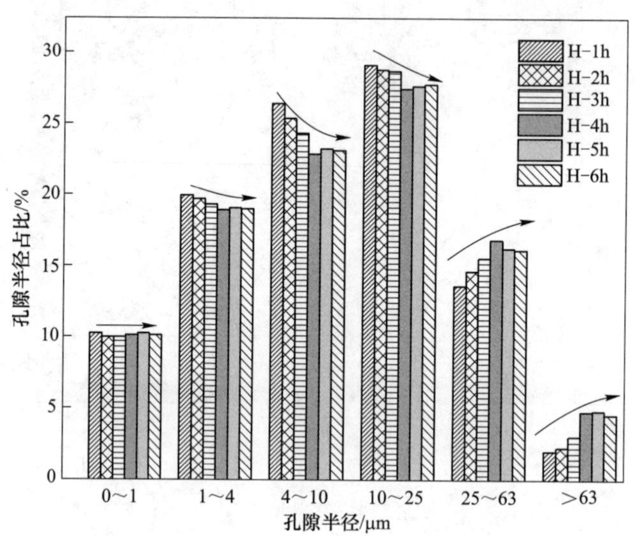

图 4.7　去离子水浸矿不同孔径孔隙统计情况

4.3　硫酸铵浸矿稀土试样微观结构动态演化

4.3.1　浸矿过程孔隙度分析

浸矿第二阶段（7 ~ 17h），A1、A2、A3 试样继续以去离子水浸注见表 4.2 和图 4.8，其孔隙度曲线上下波动未有较大变化。由此可知，去离子水浸注试样，形成稳定渗流场的过程，试样孔隙度随浸矿时间先下降，渗流场稳定后孔隙度不再有明显变化。浸矿时间在 7h 后，A4、A5、A6 试样浸矿液改为 2.5% 硫酸铵溶液，浸矿时间为 7 ~ 14h 时，三个试样孔隙度均在 35% ~ 37% 范围内上下波动，总体略微增加，但并不明显。根据图 3.9，该时间段体现出显著的离子交换作用，为有效浸矿时段，由此可知，在有效浸矿时间段内试样内部孔隙结构并未体现出明显变化。浸矿时间在 14 ~ 17h 时，试样孔隙度开始上升，根据图 3.9，这段时间离子交换已经结束，物理渗流再次单独发生作用，此时试样已经经过 17h 的连续浸矿，在浸矿液不断渗流作用下，试样内部土体颗粒骨架开始发生软化并随移动，渗流通道进一步扩大，致使孔隙度开始增大，进而引发渗透系数增加，这一变化规律很好地解释了第 3 章试样渗透性变化的实验结果。

表 4.2 浸矿 7 ~ 17h 试样孔隙度

浸矿时间/h	孔隙度/%					
	去离子水			2.5% 硫酸铵		
	A1	A2	A3	A4	A5	A6
7	35.200	34.897	35.213	34.552	35.194	35.039
8	35.135	35.021	35.132	34.800	35.658	35.132
9	35.517	35.601	35.114	35.119	36.170	36.072
10	35.857	35.864	35.798	34.968	36.004	36.936
11	35.267	35.331	35.246	35.503	35.789	36.444
12	35.559	34.986	35.602	35.821	36.052	36.117
13	35.857	35.857	36.123	35.879	37.259	36.207
14	35.806	35.023	36.322	36.680	37.050	36.651
15	35.630	34.998	35.159	38.123	38.853	38.836
16	35.854	35.002	35.241	38.695	38.201	38.848
17	35.369	35.213	35.423	38.142	38.436	38.593

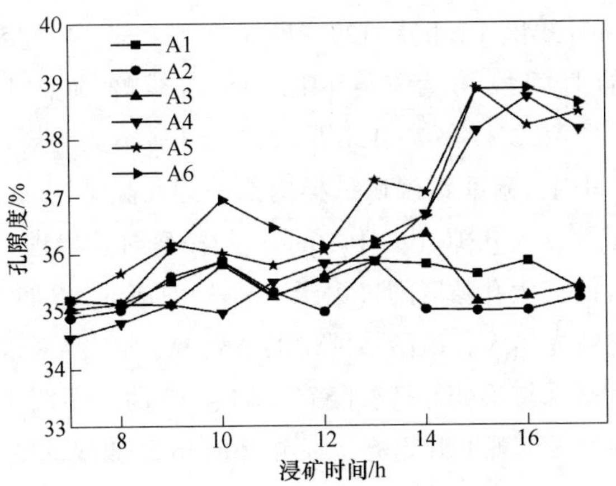

图 4.8 硫酸铵浸矿 7 ~ 17h 试样孔隙度-时间曲线

4.3.2　核磁共振测试 T_2 图谱

浸矿第二阶段（7～17h），A1、A2、A3 试样继续以去离子水浸注进行柱浸试验，而 A4、A5、A6 则改用 2.5% 硫酸铵溶液进行柱浸试验，通过核磁共振分析仪测试得到试样经过去离子水及硫酸铵浸矿后的 T_2 图谱，如图 4.9 所示。分析可知 A4、A5、A6 试样与 A1、A2、A3 试样孔隙结构对应的 T_2 图谱曲线对比可以发现，硫酸铵溶液浸注试样内部变化与去离子水浸注明显不同，稀土阳离子化学交换反应条件下，硫酸铵溶液浸矿过程中随浸矿时间内部结构变化存在差异，但浸矿全过程呈相同的变化规律，长时间的去离子水溶液浸注试样，其内部结构基本不发生变化。A4、A5、A6 试样测试的 T_2 图谱曲线与去离子水浸注试样 A1、A2、A3 相比，7～8h，小孔隙对应弛豫时间小于 3ms 保持不变，中等孔隙对应横向弛豫时间在 3～16ms 的区间曲线呈同步上升趋势，但大于 16ms 的区间（大孔隙）变化较为明显，拐点逐渐消失呈下降趋势。浸矿时间为 9～11h，3～16ms 弛豫时间区间 A4、A5、A6 三条曲线变化规律一致，结合各曲线峰顶点变化，可知 A4、A5 试样曲线同步上升，A6 试样曲线上升速率快于 A4、A5 试样曲线，其中 A4 试样峰顶点 1154.37（9h）→1202.51（10h）→1252.86（11h），A5 试样 1138.51（9h）→1198.86（10h）→1228.19（11h），A6 试样 1206.06（9h）→1310.07（10h）→1318.49（11h），也可得出 A6 试样在 11h 内部中等孔隙结构变化趋于稳定。弛豫时间大于 16ms 区间内的曲线变化规律则有差异，其中 9h 测试 A4、A6 曲线重合，A5 曲线仍存在下降现象，10～11h 三条曲线重合不发生变化。继续浸矿，3～16ms 弛豫时间区间各曲线峰顶点先增大后不变的浸矿过程，其中 A4 曲线峰顶点 1287.77（12h）→1294.06（13h）→1292.51（14h），A5 曲线 1266.95（12h）→1313.48（13h）→1294.14（14h），即 A4、A5 试样曲线呈先上升后不变规律的时间段均为 7～14h，A6 曲线峰顶点 1318.49（11h）→1318.49（12h），即 A6 试样在 7～12h 呈现先上升后不变的规律，由此可知，浸矿时间 7～14h 区间内，硫酸铵浸矿试样内部中等孔隙结构（3～16ms）呈先增多后不变的变化规律，大孔隙（大于 16ms）随浸矿时长出现先减小后不变的规律。浸矿时间 13h 时，大孔隙区间（大于 16ms）对应的 A6 曲线出现增大变化且 60～100ms 区间曲线先增大，硫酸铵浸矿的 A4、A5 曲线无变化，去离子水浸矿的 A1、A2、A3 曲线保持不变。持续浸矿，A4、A5 曲线于浸矿时间 15h 在 60～100ms 区间对应的曲线出现上升趋势，直至 16h，6 条曲线的变化趋势趋于一致，经过硫酸铵浸矿的 A4、A5、A6 试样测试 T_2 图谱曲线基本重合，区间 3～60ms 内

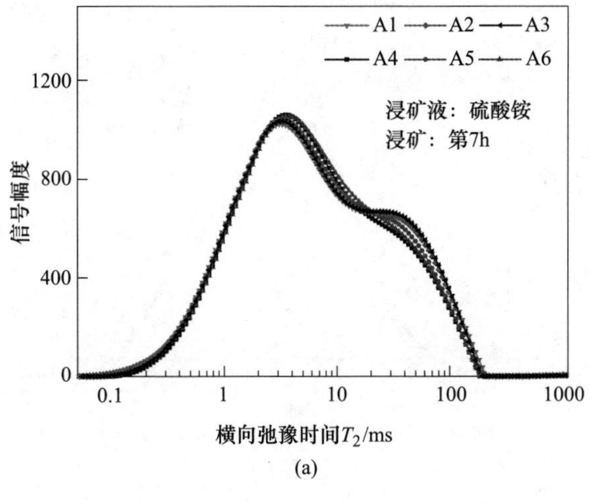
A1 A2 A3
A4 A5 A6
1200
800
400
0
0.1 1 10 100 1000
信号幅度
横向弛豫时间T_2/ms
浸矿液：硫酸铵
浸矿：第7h
(a)

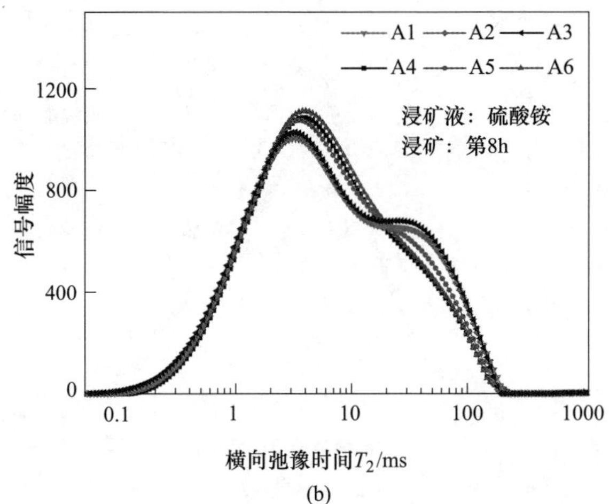
A1 A2 A3
A4 A5 A6
1200
800
400
0
0.1 1 10 100 1000
信号幅度
横向弛豫时间T_2/ms
浸矿液：硫酸铵
浸矿：第8h
(b)

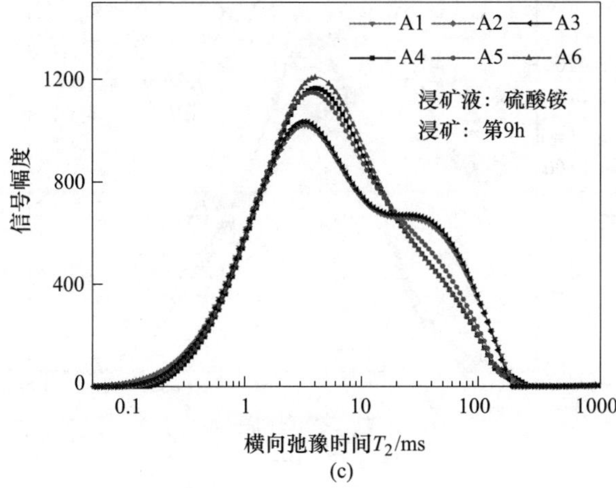
A1 A2 A3
A4 A5 A6
1200
800
400
0
0.1 1 10 100 1000
信号幅度
横向弛豫时间T_2/ms
浸矿液：硫酸铵
浸矿：第9h
(c)

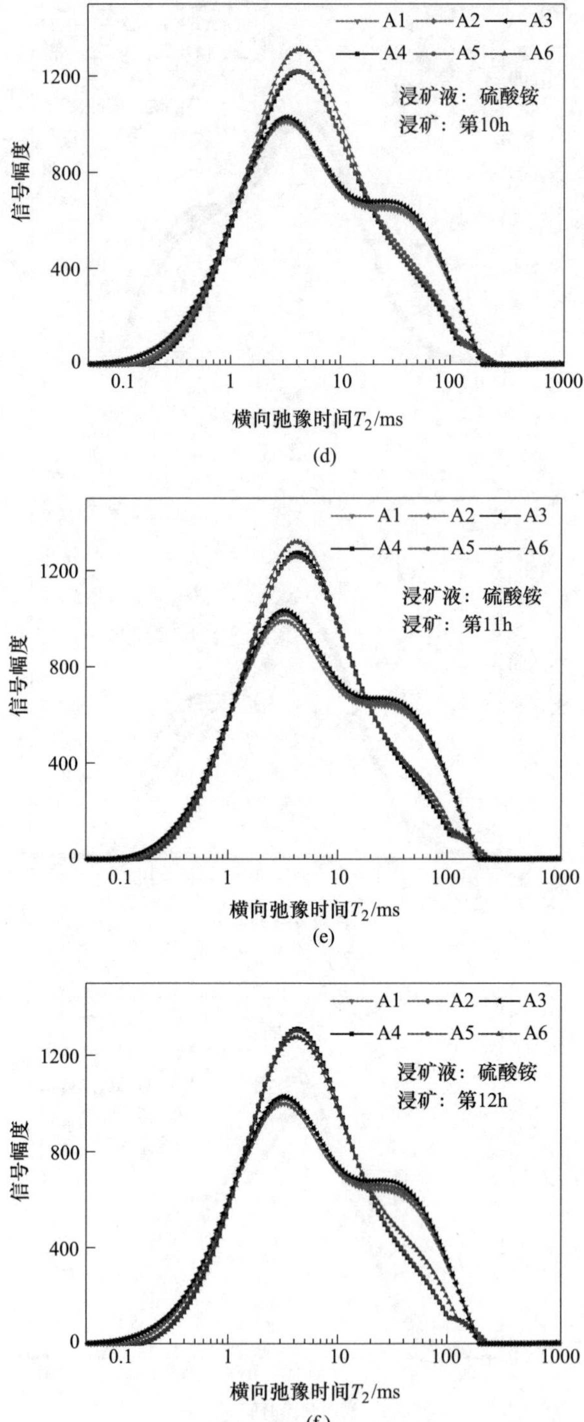
A1 A2 A3
A4 A5 A6
浸矿液：硫酸铵
浸矿：第10h
信号幅度
横向弛豫时间T_2/ms
(d)
A1 A2 A3
A4 A5 A6
浸矿液：硫酸铵
浸矿：第11h
信号幅度
横向弛豫时间T_2/ms
(e)
A1 A2 A3
A4 A5 A6
浸矿液：硫酸铵
浸矿：第12h
信号幅度
横向弛豫时间T_2/ms
(f)

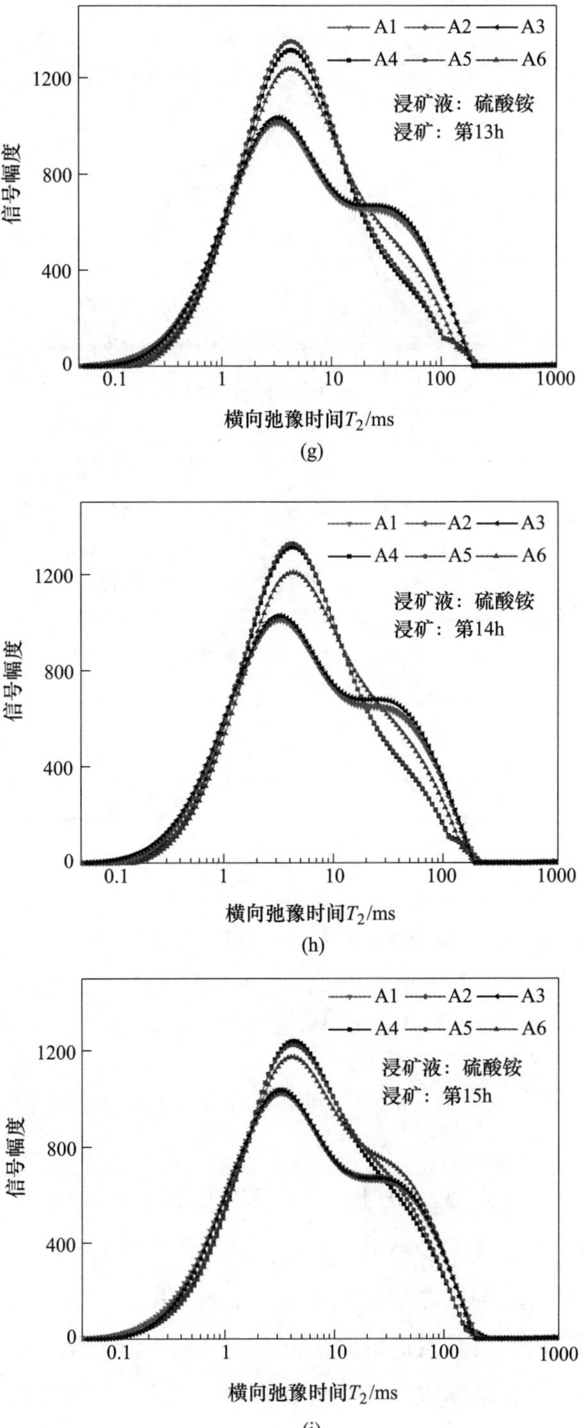
A1
A2
A3
A4
A5
A6
浸矿液：硫酸铵
浸矿：第13h
信号幅度
横向弛豫时间T_2/ms
浸矿液：硫酸铵
浸矿：第14h
浸矿液：硫酸铵
浸矿：第15h

(g)

(h)

(i)

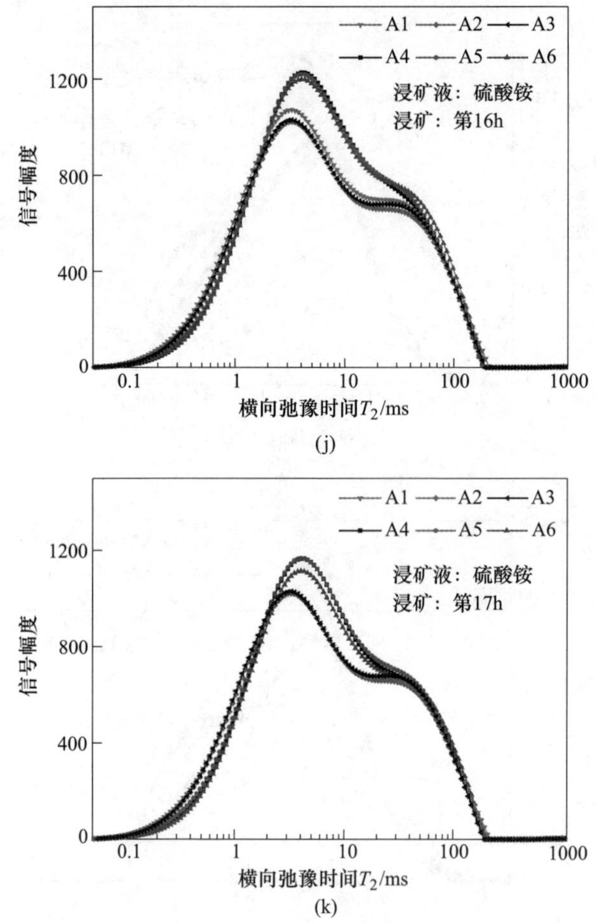

(j)

(k)

图 4.9　硫酸铵浸矿 7 ~ 17h 试样 T_2 图谱对比分布

（a）浸矿 1h；（b）浸矿 2h；（c）浸矿 3h；（d）浸矿 4h；（e）浸矿 5h；
（f）浸矿 6h；（g）浸矿 7h；（h）浸矿 8h；（i）浸矿 9h；（j）浸矿 10h；（k）浸矿 11h

对应的曲线高于 A1、A2、A3 曲线，即信号幅度更多也表明该区间对应的孔隙更多。

综上所述，去离子水浸矿阶段，初期渗流场趋于稳定的过程，各试样 T_2 图谱曲线有一定的变化，渗流场稳定后，各试样所测曲线趋于重合，即去离子水浸矿无化学反应，试样内部孔隙结构变化仅受渗流作用，长时间稳定渗流，内部孔隙结构将不发生变化。硫酸浸矿阶段，按交换反应可分为化学反应和无化学反应两个阶段。硫酸浸矿化学反应阶段，各试样整个过程 T_2 图谱曲线各区间段的变化规律保持一致，中等孔隙（3 ~ 16ms）曲线呈先增大后减小的变化规律，大孔隙区间（大于16ms）曲线则是先减小后增大的变化规律。受试样内部孔隙微结构的影响，在化学交换反应作用和渗流作用下，试样所测曲线在各区段的变化快慢与浸矿时间相关。硫酸浸矿无化学反应阶段，试样内部仅受渗流作用，大中等孔隙分布对应的曲线与纯水分布曲线一致，随浸矿时间将不发生明显的变化规律，但在3~60ms区间，硫酸浸注试样中等孔隙多于去离子水浸注试样。这一变化极有可能由矿体内部的离子交换所致。

在硫酸铵溶液注入稀土矿体过程中，对试样的每个时间段的 T_2 图谱进行了分析，为了更加直观地反映硫酸铵浸矿阶段试样 T_2 图谱分布规律，选取了具有代表性的一组试样得到其硫酸铵浸矿全过程的 T_2 图谱曲线，如图4.10所示。为了便于说明将 T_2 图谱分为3个区域：小孔区域、中孔区域以及大孔区域。根据图4.10显示结果，纯水浸矿6h后，浸矿液改变为硫酸铵溶液（2.5%），从改变后1h的浸矿结果分析可知 T_2 图谱曲线并未出现与去离子水浸矿一致的变化规律，而是改变为 T_2 图谱曲线峰值变大，且波峰向左移动，与前面所述的变化规律正好相反。当继续采用硫酸铵溶液浸矿，从图4.10可以明显看出，硫酸铵浸矿后的1~6h，整个 T_2 图谱曲线都体现为峰值增大，波峰左移。说明硫酸铵浸矿后，试样中孔径孔隙数量逐步增多，且中孔径孔隙在向中、小孔径孔隙逐步过渡。从 T_2 图谱曲线的大孔径孔隙区域也可以看出，随着浸矿时间增加，大孔径孔隙 T_2 图谱曲线逐步向左移动，在逐步向中孔径孔隙区域靠近。根据前文

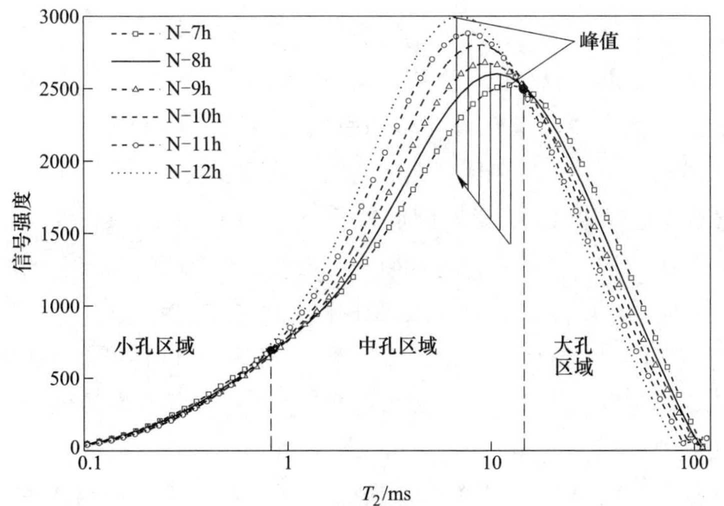

图4.10 硫酸铵浸矿阶段代表性试样 T_2 图谱

（N代表硫酸铵浸矿阶段）

分析结果，6~12h 为离子交换反应阶段，该阶段既存在渗流过程，也存在化学置换过程。对比图 4.5 和图 4.10，说明该阶段影响稀土矿体微观孔隙结构的主要因素是离子交换反应。因此，稀土矿体中的离子交换反应会诱发矿体内部孔隙体积减小，整体呈现出孔径尺寸由大变小的变化趋势，整个矿体微观孔隙结构趋于致密。

4.3.3 孔隙结构反演图像

从图 4.6 中去离子水浸矿阶段可以明显看出，去离子水作为浸矿液时，随着浸矿时间增加，图中亮色区域逐渐增多，说明单纯渗流作用下，内部孔隙随渗流时间逐步增多，孔径也逐步增大，这与 A4、A5、A6 试样纯水浸矿 T_2 图谱曲线分析结果完全一致。最重要的变化出现在各图的 7~14h 化学反应阶段即各组中的硫酸铵浸矿化学反应阶段，如图 4-11 所示。当浸矿液改为硫酸铵溶液以后，图像开始出现变化，第 7h 的图像可看出，最上部位原先的亮色区域略有减少，黑色区域开始增多，该区域在试样上部位置呈条带状分布，试样下部区域与第 6h 图像比较变化不大，说明浸矿时间为 6~7h 时，硫酸铵溶液开始代替去离子水溶液在试样内部发生作用，离子交换的区域主要发生在试样上部，浸矿化学置换反应致使颗粒结构发生改变，引发孔隙颗粒移动重组，造成部分孔隙消失，大孔径孔隙向中小孔径孔隙转变，离子交换区域结构趋于致密。第 8h 的图像变化更加明显，中上部黑色区域快速增多，说明在离子交换作用下，孔隙结构迅速发生变化，浸矿时间达到 9h 后，黑色区域开始转移至中下部，离子交换反应在上部已经完全结束，上部区域又一次进入单纯液体渗流模式。同时，另一种明显的变化开始出现，即中上部区域亮色再次明显增多，说明此时中上部孔隙又开始大量出现，并且孔径增大，说明单纯渗流作用引发孔隙结构趋于松散。后续 9~13h，黑色条带区域逐层下移，黑色区域上部亮色区域逐层恢复。直至 14h 后，根据第 3 章离子含量变化规律可知，该时间点离子交换反应已经结束，仅仅渗流作用影响矿体微观孔隙结构，条带状黑色区域完全消失，整个图像的白色区域大面积分布。继续浸矿 15~17h，A4、A5、A6 试样白色区域和黑色区域无明显变化。

综合分析 A1~A6 试样测试结果（见图 4.6 和图 4.11）可知，去离子水浸矿对孔隙结构影响的只有渗流作用，硫酸铵浸矿则离子交换与渗流两种作用共同影响矿体微观孔隙结构，从 A4、A5、A6 试件成像图中逐步下移的黑色层状区域来看，完全不同于 A1、A2、A3 试件，因此，离子交换入渗两种耦合作用下，对微观结构产生主要影响的是离子交换的化学作用，而非渗流产生的物理作用。同时，对比分析可见经过硫酸铵溶液浸矿后的稀土矿体微观孔隙结构总体体现为：

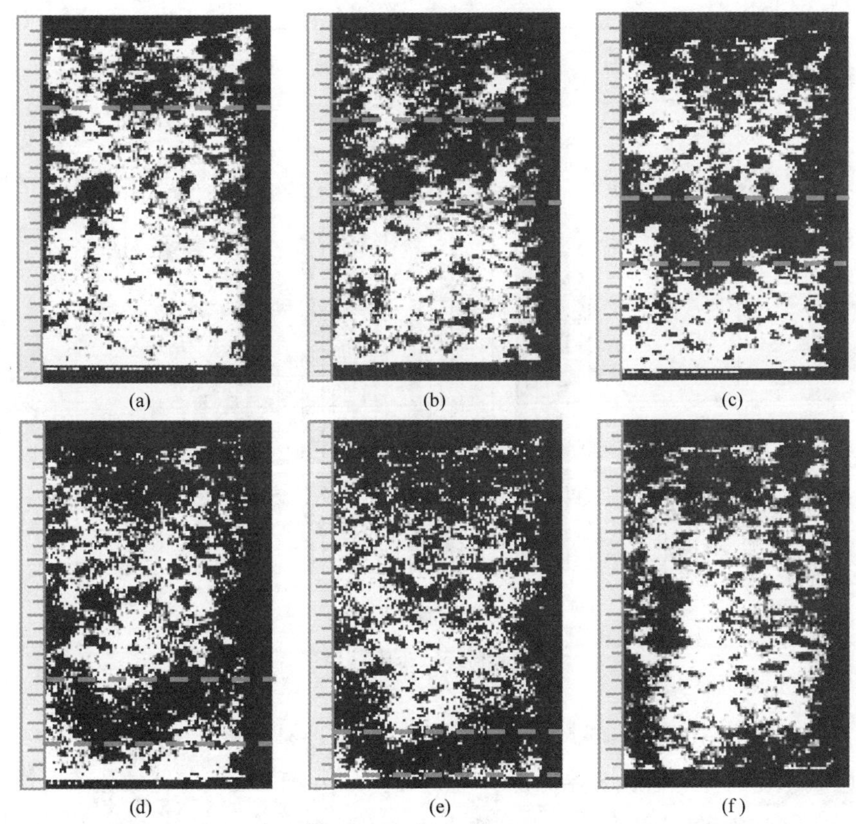

图 4.11 硫酸铵浸矿试样孔隙结构反演图像（7 ~ 12h）
(a) 7h; (b) 8h; (c) 9h; (d) 10h; (e) 11h; (f) 12h

孔隙尺寸缩小，总孔隙数量减少，孔隙结构趋于紧密，但如果浸矿完毕后继续溶浸，会引发孔隙结构恶化，对矿体稳定性不利。

4.3.4 孔径动态演化统计分析

根据 6 组试样的核磁共振 T_2 图谱以及代表性试样的核磁共振 T_2 图谱（见图 4.9 和图 4.10）可知，试样孔隙的 T_2 图谱谱峰所对应的弛豫时间主要为 0.1 ~ 100ms，该范围较大，无法确定该区间试样内部详细的孔径变化情况，因此将孔径进行进一步划分为 6 个区间段：0 ~ 1μm、1 ~ 4μm、4 ~ 10μm、10 ~ 25μm、25 ~ 63μm 以及大于 63μm，进而分析硫酸铵浸矿过程稀土矿体孔隙结构动态演化规律。选取代表性试样不同浸矿时间段的不同孔径区段内孔隙的分布及含量变化如图 4.12 所示。分析可知，将浸矿液改变为硫酸铵（2.5%），浸矿 1h

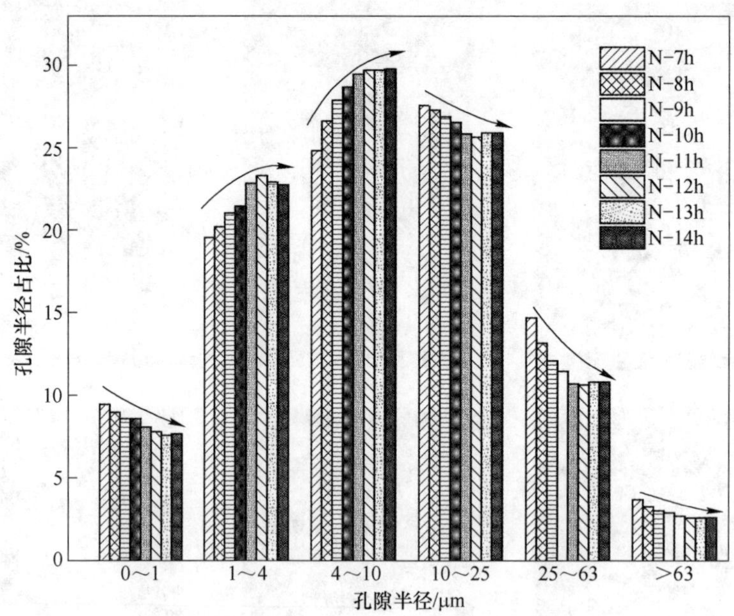

图 4.12　硫酸铵浸矿阶段（第三阶段）

以后，发现第 7h 孔隙结构又一次发生明显变化，1 ~ 4μm、4 ~ 10μm、10 ~ 25μm 三种区域半径的孔隙占比开始增加，相反 25 ~ 63μm 和>63μm 区域孔隙占比出现下降，这种变化明显不同于 1 ~ 6h 的去离子水浸矿。随着浸矿持续进行，从图 4.12 可以看出各孔径区段出现与纯水浸矿相反的变化，主要体现为大孔径孔隙占比逐步减小，中等孔径孔隙占比逐步增大，7 ~ 14h 浸矿阶段，占比最大的孔径区段从 10 ~ 25μm 变化到 4 ~ 10μm。由此可知，硫酸铵浸矿的化学置换作用，导致孔隙结构逐步趋于致密，对矿体渗透特性产生影响。

4.4　不同溶液浸矿稀土试样微观结构对比分析

离子吸附型稀土矿原地浸矿过程中，稀土矿体孔隙结构动态演化成为浸矿液良好运移渗透的关键所在。为探索离子型稀土在浸出过程中矿体孔隙结构演化规律，按照原位矿体物理参数重塑稀土试样进行室内模拟浸矿试验，得到了稀土试样发生离子交换的有效浸矿时间，比较了去离子水和 2.5% 硫酸铵溶液离子置换过程稀土试样孔隙率及孔隙半径动态演化规律。利用磁共振分析仪测试稀土试样孔隙结构分布，根据孔隙半径尺寸将总孔隙划分为 6 个不同的区域：0 ~ 1μm、1 ~ 4μm、4 ~ 10μm、10 ~ 25μm、25 ~ 63μm 以及>63μm，不同尺寸的孔隙半径分布情况可以反映试样在渗流、渗流-化学耦合作用下微观孔隙结构的变化情况。

将浸矿试验全过程划分为三个阶段，第一阶段为纯水浸矿即 1 ~ 6h 此时只存在渗流作用；第二阶段为纯水与硫酸铵的过渡阶段即 6 ~ 7h 此时存在渗流-化学耦合作用；第三阶段为硫酸铵浸矿阶段即 7 ~ 14h，此阶段根据前文的描述可知在 11h 前存在渗流-耦合作用，11h 后置换反应结束只存在渗流作用。去离子水与硫酸铵溶液浸矿过程，相同尺寸孔隙半径百分比分布情况如图 4.13 所示。图 4.13（a）可知，半径在 0 ~ 1μm 的孔隙，在纯水浸矿中随着浸矿时间的推移该尺寸的孔隙百分比基本稳定在 10% 左右，存在微小的波动；随着硫酸铵替代去离子水浸矿即 7 ~ 14h，该尺寸的孔隙占比逐渐减小。由图 4.13（b）和（c）可知，半径在 1 ~ 4μm 和 4 ~ 10μm 的孔隙，当浸矿液为去离子水时随着时间的推移该尺寸的孔隙所占百分比出现减小的趋势；而当浸矿液为硫酸铵时该部分的孔隙出现明显的增长。由图 4.13（d）可知，半径在 10 ~ 25μm 的孔隙，两种浸矿液浸矿时均出现该部分孔隙所占百分比下降的变化规律。图 4.13（e）和（f）显示，半径大于 25μm 的孔隙在去离子水为浸矿液时，该部分孔隙所占百分比出现大幅上涨的趋势，而在浸矿液为硫酸铵时则出现大幅下降的变化。

离子型稀土采用原地浸矿的方法回收资源，矿体作为含水介质，其孔隙结构是浸矿液渗流的主要通道，浸矿过程矿体孔隙结构演化直接决定了稀土资源的回收速率[70,71]。含水介质中微细颗粒的迁移、沉积和释放过程受到多因素的影响，比如温度、pH 值、浸矿液浓度等[72 ~ 74]。原地浸矿过程涉及物理渗流和化学置换的耦合作用，浸矿过程两种作用对孔隙结构的影响是本文研究的重点。本书研究的试样均经过了去离子水淋洗作用，使更换浸矿液注液开始时刻即为渗流状态，通过去离子水的淋洗作用清洗了试样，使每个试样都是干净的，排除了其他因素的影响。试样饱和之后试样内部渗流通道已经全部连通，引起试样孔隙结构的变化是微细颗粒的迁移、沉积和释放。此外，本次试验过程保证室温和浸矿液浓度一致，通过测定浸矿液和回收液的 pH 值发现二者差别很小，说明整个浸矿过程中，矿体内部的 pH 值基本不变。通过一系列对比试验发现，浸矿液与稀土矿体离子交换作用降低了浸矿液在稀土矿体中的渗流速率，引发矿体孔隙结构的动态演化，具体体现在不同半径孔隙之间的动态转变，离子交换诱发大尺寸孔隙向中小尺寸孔隙转变，随着离子交换结束，中小尺寸孔隙再一次向大尺寸孔隙转变，稀土矿体孔隙结构恢复原状。孔隙结构的动态转化机理主要是由于采用硫酸铵浸矿，离子交换作用伴随了溶液中+1 价态离子向+3 价态离子的转变，浸矿溶液的离子强度增加，试样内部黏土胶体颗粒双电层被压缩，引起胶体颗粒与矿物表面之间的范德华引力和双电层斥力失去平衡，致使矿体中大量微细颗粒沉积在矿物

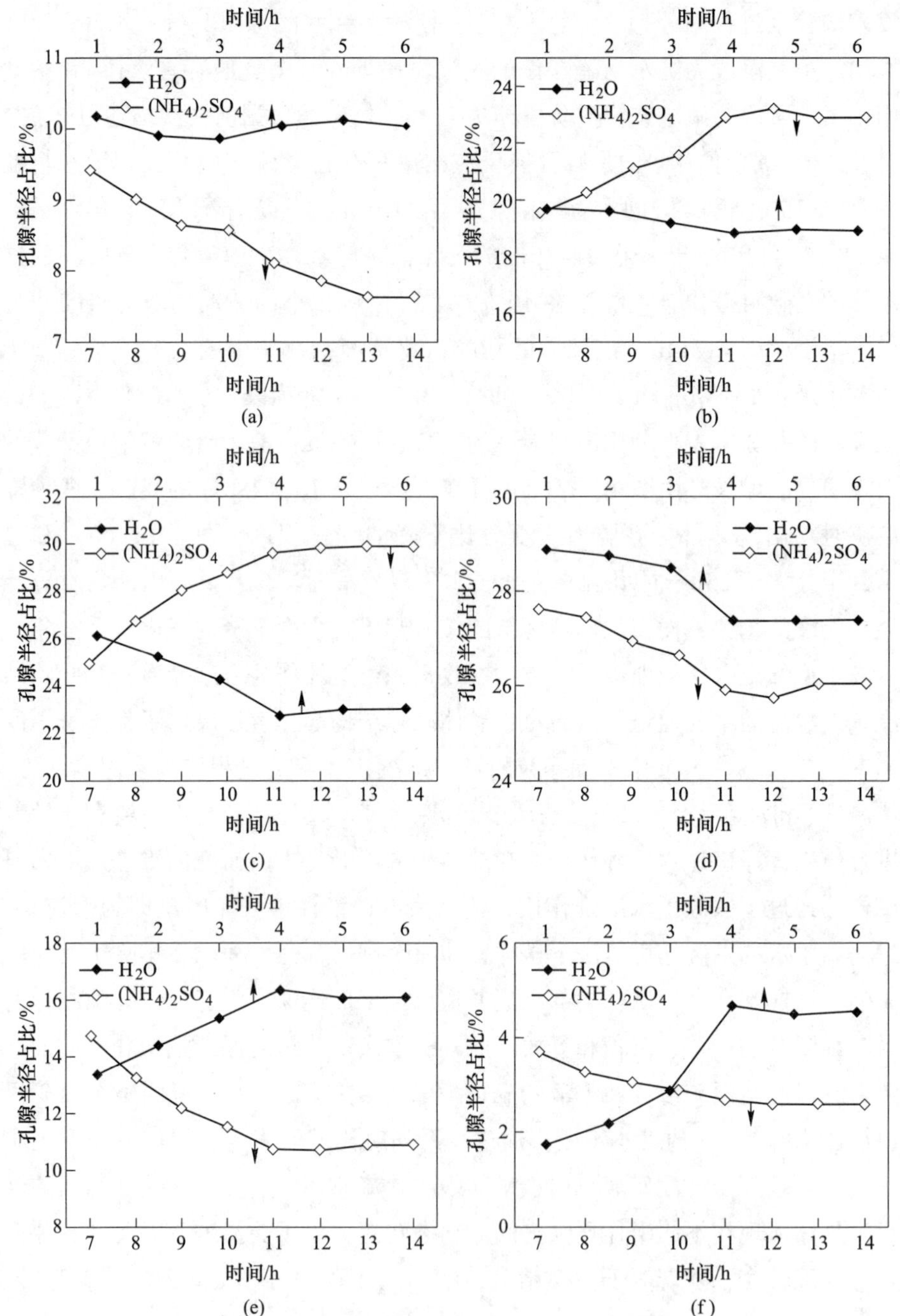

图 4.13　去离子水和硫酸铵溶液浸矿分段孔隙半径占比分布

（a）孔隙半径：0～1μm；（b）孔隙半径：1～4μm；（c）孔隙半径：4～10μm；（d）孔隙半径：10～25μm；（e）孔隙半径：25～63μm；（f）孔隙半径：>63μm

表面，造成孔隙堵塞[75]，使得大尺寸孔隙变为中小尺寸孔隙，随着矿体中离子置换反应的减弱，大量+3 价态稀土离子脱离浸矿母体，在硫酸铵浸矿液持续渗流作用下，矿体孔隙中充斥的溶液由+3 价态向+1 价态转变，溶液离子强度降低，试样内部黏土胶体颗粒双电层厚度再次增加，双电层斥力再次占据优势，矿物表面所吸附的大量微细颗粒得到释放[76~78]，孔隙回复原状，整个矿体孔隙结构出现由中小孔隙向大孔隙转变，因此，稀土矿体浸矿过程的离子交换作用诱发矿体内部微细颗粒的沉积与释放，导致矿体内部孔隙结构动态演化，在一定程度上抑制了浸矿溶液在矿体中的渗流，延缓了浸矿母液的回收速率。

5 试样孔隙结构与离子交换关联性

5.1 离子型稀土在矿物中的赋存形态

离子型稀土矿（又称风化壳淋积型稀土矿）形成的原因主要是原母岩风化，解离形成高岭土、埃洛石和蒙脱石等黏土矿物。经地下水流运动，在物理、化学和生物集中作用下，形成最终稀土矿物。稀土在矿物中的赋存形态主要包括以下4种[28]。

（1）水溶相稀土。主要指由风化原因形成的水合稀土离子或羟基水合稀土离子，但又还未被黏土矿物所吸附的这部分游离态稀土，这些稀土离子在矿石中独立存在，随着地下淋滤水而迁移运动。水溶相稀土离子在矿物中含量极低，分布比例基本低于0.01%，回收价值较低[79]。

（2）胶态沉积相稀土。主要指稀土元素以不溶性氧化物或氢氧化物胶体沉积在矿物上或与某种氧化物成键化合形成新的化合物，这种赋存状态的稀土矿物在矿体中含量也较低，分布比例为1%～3%。同时，胶态沉积相稀土矿物采用通常的物理选矿方法和离子置换方法均无法提取，因此，考虑其生产工艺困难和回收成本，目前不作为主要回收的矿物[80～82]。

（3）矿物相稀土。主要指以离子化合物形式参与矿物晶格，构成矿物晶体不可或缺的部分，或者以类质同晶置换形式分散于造物矿物中的这部分稀土称为矿物相稀土，这部分矿物由于深入矿物晶格，称为晶体主要部分，所以该类稀土在矿物中的结合能较高，将其置换提取难度较大。同时，其分布比例为3%～15%。由于对其回收的工艺复杂，成本较高，属于难以回收的稀土矿物[83]。

（4）离子相稀土。主要指以水合阳离子或羟基水合阳离子被吸附在黏土矿物（如高岭土、埃洛石、伊利石和蒙脱石）上的稀土，这种相态的稀土矿物以离子态形式赋存，吸附于矿体外层且相态稳定，当遇到比其活性更强的离子时，极容易发生离子置换。离子相稀土矿物在矿体中含量较高，其分布比例在60%～90%之间，是目前离子型稀土矿中唯一具有提取价值的稀土元素[28]。

5.2 离子型稀土矿物含量测试方法

5.2.1 EDTA 滴定法

EDTA 滴定法是一种络合滴定法，EDTA（即乙二胺四乙酸）是一种很强的络合剂，能和许多金属离子形成稳定的络合物。利用它和金属离子的络合反应为基础，采用指示剂的变色或电学、光学方法确定滴定终点，根据标准溶液的用量计算被测物质的含量，该方法可直接或间接测定约 70 种元素[84]。采用 EDTA 滴定法测试稀土母液中的稀土离子含量，由于稀土母液中不仅含有稀土离子，还含有大量的 Al^{3+}，严重干扰滴定，使终点迟缓，结果偏高，甚至完全没有终点，致使测试失败。为此，在滴定时加入遮蔽剂是提高 EDTA 络合滴定选择性的重要途径，试验中常采用双遮蔽剂的方法来消除 Fe^{3+}、Al^{3+} 对滴定的干扰[85]。

EDTA 滴定法测定稀土母液中的稀土离子浓度是在稀土母液中加入缓冲液、磺基水杨酸、抗坏血酸、乙酰丙酮等作为遮蔽剂，再加入二甲酚橙作为指示剂，最后缓慢加入一定浓度的 EDTA 标准试剂，直至锥形瓶中溶液颜色变成亮黄色为止，通过消耗 EDTA 标准试剂的体积来计算每个循环收集的稀土母液内稀土离子浓度[86]。

配置 EDTA 滴定试剂，分别针对每小时（暂定时间间隔）收集的稀土母液进行稀土含量测试。在酸式滴定管中加入 EDTA 滴定试剂液至刻度 A，在试验的收液瓶中取适量 E 稀土母液加入酸式滴定管，直至滴定管中溶液颜色变成亮黄色，如图 5.1 所示。记录此时刻度值 B。根据式（5.1）计算此时刻母液内稀土离子浓度。同时滴定测试浸矿剂阳离子的浓度。

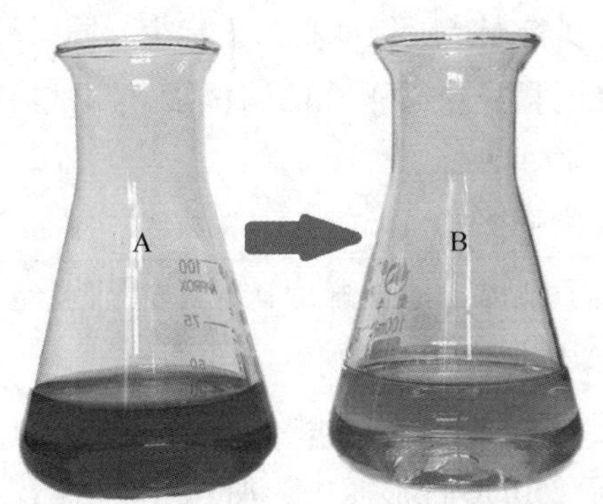

图 5.1 EDTA 滴定法稀土母液颜色转换

$$c_{RE} = \frac{c_{EDTA} \times (B - A)}{E} \tag{5.1}$$

式中，c_{RE} 为稀土离子浓度；c_{EDTA} 为滴定剂标准浓度；B 为滴定后滴定管读数，mL；A 为滴定前滴定管读数，mL；E 为每次量取的稀土母液，mL。

具体试验过程滴定试剂选用 EDTA 二钠；缓冲溶液采用六次甲基四胺溶于纯水中，加入 10mL 浓盐酸配制；遮蔽试剂选用 1% 磺基水杨酸、5% 抗坏血酸和 5% 乙酰丙酮；显色剂选用二甲酚橙。根据国标《稀土金属及其化合物化学分析方法　稀土总量的测定》（GB/T 14635—2020）[87]，结合试验收集母液的实际情况，每次量取 5mL 稀土母液进行滴定试验。根据式（5.2）计算该次稀土母液中稀土离子浸出浓度。

$$c_{RE} = \frac{c_{EDTA} \times (B - A)}{5} \tag{5.2}$$

5.2.2　电感耦合等离子体发射光谱法

采用 EDTA 滴定法，操作时间长，必须依靠指示剂变色来确定滴定终点，误差范围较大，受稀土母液中 Fe^{3+}、Al^{3+} 等杂质离子的影响，必须加入遮蔽剂来抵抗测试干扰。因此，试验过程复杂。同时，利用该方法可以测试离子相稀土的总量，但无法得到单一稀土元素氧化物的具体含量。由此，建立灵敏、准确及快速测定离子型稀土原矿中离子相稀土总量及单一元素含量的分析方法就显得尤为重要。

电感耦合等离子体发射光谱法（ICP）是目前测试方法中实用且准确性较高的元素分析技术，其主要特点是灵敏度高，干扰少，同时检测的元素多，每种稀土元素至少有一个不受同量异位素干扰的同位素，测试灵敏度从 La 到 Lu 都比较高[88]。

采用 ICP 方法测试稀土含量的主要方法分为样品制备、样品测定和校准曲线三个部分，首先取得离子型稀土原矿样磨矿后，过筛混匀，筛分制得 250g 待测样品，样品在 80℃烘箱中烘干 5h 备测。

在离子相稀土含量测定环节，需在已经制备的离子型稀土矿样中称取定量矿样（通常为 10g），置于 250mL 锥形瓶中，加入定量硫酸铵溶液在回旋振荡机上振荡 15min，然后静置半小时。用滤纸过滤到固定容积的容量瓶中定容。用体积浓度为 1% 的硝酸稀释至一定刻度，混合均匀后待测。测量时，取各稀土元素的标准储备液逐级稀释配置成与先前待测稀土溶液浓度一致的混合稀土标准溶液，最后将待测溶液和混合稀土标准溶液同时在电感耦合等离子体光谱仪中进行测试，分析结果会显示各元素的校准曲线。如果待测溶液中稀土元素含量超出校准曲线最高点，需要对待测溶液再行稀释后再测定。如此测试结果可以得到各稀土元素的含量。

5.2.3 电感耦合等离子体质谱法

电感耦合等离子体质谱法是目前能检测离子型稀土全相和离子相的主要方法，对于离子相稀土检测方法与光谱法类似，制样后需要待测溶液和标准溶液同时检测，通过校准曲线分析得到稀土矿体中各元素的含量[89,90]。

对于稀土矿样全相测定，取待测样品试料用氢氟酸、高氯酸分解，加热至高氯酸烟冒尽，用硝酸溶解盐类。在稀硝酸介质中，以氩等离子体为离子化源，用质谱法测定15个稀土元素质量分数，各个质量分数之和即为稀土总量。测定时同样以内标法进行校正。

5.3 离子型稀土矿物含量

5.3.1 稀土全相主要配分

离子型稀土矿物中，稀土元素的配分主要是指除钷和钪以外的其他15种元素的稀土氧化物的百分含量之间的关系。表5.1是取自赣州龙南县足洞矿区离子型稀土全相主要配分检测结果。检测方法采用电感耦合等离子体质谱法（ICP-MS）。该地区的稀土矿体属于典型的赣南风化壳淋积型稀土矿床，而其中的离子相稀土配分是指利用原地浸出工艺的离子置换作用可以回收的那部分稀土元素的含量。它不包括易变价的稀土元素形成不可交换的稀土化合物。

表5.1 离子型稀土全相主要配分 （%）

稀土氧化物	试样A	试样B	试样C	平均值
Y_2O_3	0.0256	0.0244	0.0253	0.0251
La_2O_3	0.00492	0.00454	0.00478	0.00475
CeO_2	0.0132	0.0077	0.00905	0.00998

续表 5.1

稀土氧化物	试样 A	试样 B	试样 C	平均值
Pr_6O_{11}	0.00171	0.0016	0.00166	0.00166
Nd_2O_3	0.00717	0.00661	0.00687	0.00688
Sm_2O_3	0.00333	0.00308	0.0032	0.0032
Eu_2O_3	0.000076	0.00007	0.000074	0.000073
Gd_2O_3	0.00386	0.00355	0.00369	0.0037
Tb_4O_7	0.00071	0.00065	0.00068	0.00068
Dy_2O_3	0.00432	0.00406	0.0042	0.00419
Ho_2O_3	0.00087	0.00083	0.00085	0.00085
Er_2O_3	0.00257	0.00246	0.00251	0.00251
Tm_2O_3	0.00041	0.0004	0.00041	0.00041
Yb_2O_3	0.00294	0.00284	0.00288	0.00289
Lu_2O_3	0.00044	0.00042	0.00042	0.00043
REO	0.07213	0.06321	0.06657	0.0673

离子型稀土矿以中重稀土配分型稀土矿最为普遍，成矿原岩主要是燕山期的花岗岩和火山岩，从表 5.1 可以看出，原岩经长时间风化后形成以钇元素为主的重稀土矿床，属于富钇重稀土矿，该类矿床稀土的品位多在 0.06% 以上。该地区稀土配分强烈地选择中重稀土配分型，其中重稀土含量约占 46.5%，而中重稀土含量超过 65%，Y_2O_3 的含量就达到 37%。

轻稀土元素铈本来是地壳中丰度最高的稀土元素，在很多岩石所含有的元素中，铈元素也是丰度最高的稀土元素。但从表 5.1 的检测结果中发现 CeO_2 的配分仅为 14.8%，出现较为明显的铈亏效应，这主要是由于在原岩风化体系中，铈被氧化为四价态的 Ce^{4+}，进而与 HCO_3^- 相结合形成稳定的可溶性配合物，随着降雨及地下水流走。而其他稀土元素并未形成可溶性配合物，而以离子态吸附于黏土矿物表面，由此在离子型稀土矿物中出现铈亏效应[91]。

5.3.2 离子相稀土含量

对离子型稀土原矿中离子相稀土含量的检测主要采用硫酸铵溶液浸出的方式获得。选取与全相配分实验同样的稀土样品制作成柱浸试样，在柱浸筒中完成柱浸实验。为了减少离散型引起的误差，实验选取2个试样完成浸矿试验，浸矿液选择质量浓度为2%的（$(NH_4)_2SO_4$）溶液。为了保证后续收液量的计算，在试验前所有试样必须先行饱和，使注液开始时刻即为渗流状态，当试液在试样中的注入量和渗出量基本相等则可判定其已经达到饱和。实验过程中用去离子水饱和，首先，注入30mL去离子水，待收液漏斗不再出液为止，接着再注入30mL去离子水，最后待回收液体体积保持在29.9mL左右，判定试样已经达到饱和。试样饱和之后利用30mL 2.5%的$(NH_4)_2SO_4$溶液开始浸矿，等量的浸矿液保证每次参与反应的离子摩尔数相等，试验开始记录注液时间，2个试样同时开始，调整流速固定阀保证流速一致，待回收的液体体积保持在29.9mL左右，记录此刻的时间并测试回收母液中稀土离子浓度。后续每次注浸试验重复上述过程，当浸矿母液中稀土离子浓度小于0.05mg/mL，则试验结束。母液中稀土离子浓度测定采用EDTA滴定法测定。分别配置不同浓度的EDTA滴定试剂用于每次收集的稀土母液进行稀土含量测试。在酸式滴定管中加入EDTA滴定试剂，在柱浸试验的收液瓶中取定量的稀土母液加入锥形瓶，依次加入缓冲液、磺基水杨酸（质量分数为1%）、抗坏血酸（质量分数为5%）、1mL乙酰丙酮（质量分数为5%），再加入2滴二甲酚橙，摇匀，最后缓慢加入EDTA滴定试剂直至锥形瓶中溶液颜色变成亮黄色，记录消耗EDTA滴定试剂的体积。通过计算得到浸出的稀土母液稀土离子浓度见表5.2和表5.3。

表5.2 1号试样离子相稀土浸出结果

注液频次	浸矿液	注液体积 /mL	浸出稀土离子浓度 /mg·mL^{-1}	出液体积 /mL	浸出稀土质量 /mg
1	去离子水饱和	30	0.000	15.5	0.000
2	去离子水饱和	30	0.000	29.8	0.000
3	$(NH_4)_2SO_4$溶液浸矿	30	0.163	29.7	4.827

续表 5.2

注液频次	浸矿液	注液体积 /mL	浸出稀土离子浓度 /mg · mL^{-1}	出液体积 /mL	浸出稀土质量 /mg
4	$(NH_4)_2SO_4$ 溶液浸矿	30	1.893	29.6	56.043
5	$(NH_4)_2SO_4$ 溶液浸矿	30	0.144	29.9	4.297
6	$(NH_4)_2SO_4$ 溶液浸矿	30	0.046	29.7	1.372
7	$(NH_4)_2SO_4$ 溶液浸矿	30	0.026	29.9	0.767
浸出总量					67.306

表 5.3　2 号试样离子相稀土浸出结果

注液频次	浸矿液	注液体积 /mL	浸出稀土离子浓度 /mg · mL^{-1}	出液体积 /mL	浸出稀土质量 /mg
1	去离子水饱和	30	0.000	15.5	0.000
2	去离子水饱和	30	0.000	28.5	0.000
3	$(NH_4)_2SO_4$ 溶液浸矿	30	0.163	29	4.713
4	$(NH_4)_2SO_4$ 溶液浸矿	30	1.893	28.5	53.960
5	$(NH_4)_2SO_4$ 溶液浸矿	30	0.144	29	4.168
6	$(NH_4)_2SO_4$ 溶液浸矿	30	0.046	28	1.293
7	$(NH_4)_2SO_4$ 溶液浸矿	30	0.026	28.5	0.731
浸出总量					64.866

表 5.2 和表 5.3 分别为 1 号试样和 2 号试样硫酸铵溶液浸矿过程中的测试数据，可以看出两个试样分别完成了 7 次循环浸矿，其中前 2 次主要是去离子水饱和阶段，并未在矿体中产生离子交换，后续 5 次采用 $(NH_4)_2SO_4$ 溶液浸矿，矿

体中的离子相稀土元素被浸出，每次注液量保持一致，收液量达到29～30mL后停止本次注液，两个试样在第6次循环后溶液中的稀土离子浓度已经小于0.05mg/mL，为了减少试验误差，完成了第7次浸矿循环。7次循环之后，浸出母液中的稀土含量极低，可以忽略。此时可以认为试样中的离子相稀土全部被浸出。根据重塑每个试样的质量，并利用表5.1得到的稀土全相REO含量百分比，计算每个试样中全部稀土总质量。计算后得到表5.4所示的结果。

表5.4　离子相稀土含量检测结果

试样编号	试样质量/mg	试样稀土含量（全相）/%	试样全相稀土质量/mg	试样浸出离子相稀土质量/mg	离子相占全相比例/%
1	109	0.0673	73.357	67.306	91.76
2	109	0.0673	73.357	64.866	88.43

由表5.4检测结果分析可知，两个试样浸出离子相稀土占全相百分比分别为91.76%和88.43%，由于每个试样原始稀土含量不能保证完全一致（试样稀土全相含量0.0673%为平均值），所以表中每个试样全相稀土的质量存在细微差别，总体分析，该批稀土试样中离子相稀土占稀土总含量的百分比保持在90%左右。

5.4　浸矿过程试样离子交换空间转化

根据第4章核磁共振测试结果图像反演重构发现，在试样柱浸过程中，随着浸矿时间推移，在稀土矿体内部空间的不同部位出现固体物质聚集，且聚集区域出现由上至下的空间转化，为了探明该固体物质的空间转化是否与浸矿过程中的离子交换具有关联性，设计本次试验。通过试验检测柱浸过程中矿体不同部位的稀土含量及其变化特征，以判断柱浸矿体中离子交换的空间转移规律。

5.4.1　试验方法

本次试验的稀土矿物同样取自赣州龙南稀土矿山，但取样点与先前不同。矿物的物理性质与先前基本一致，利用本节的稀土全相检测方法（ICP-MS）

测试稀土含量平均值为 0.0732%。试验开始前，首先将稀土矿体混合均匀，根据稀土原矿的物理特性，按照稀土试样重塑的方法在柱浸筒内重塑规格为 ϕ50mm×60mm 的稀土试样，重塑试样的尺寸与前面磁共振测试的试样尺寸保持一致。在重塑的稀土试样中选择 6 个试样作为本次试验的样品，如图 5.2 所示。

对已经重塑完成的 6 个稀土试样实施柱浸试验，浸矿液依然采用质量浓度为 2.5% 的硫酸铵溶液，试样上方柱浸液面高度保持 2cm，6 个试样同时开始浸矿，每隔 0.5h，从浸矿的试样中取出其中一个试样，将试样从高度方向上等分为上、中和下三段，每一段试样的径高比为 ϕ50mm×20mm，见图 5.3。对三段试样分别完成稀土含量检测（主要检测 REO 含量），测试方法采用电感耦合等离子体质谱法，如图 5.4 所示，主要测试每一段试样经过浸矿后剩余的稀土含量。试验共持续浸矿 3h，获得 6 次共计 18 组试验数据。

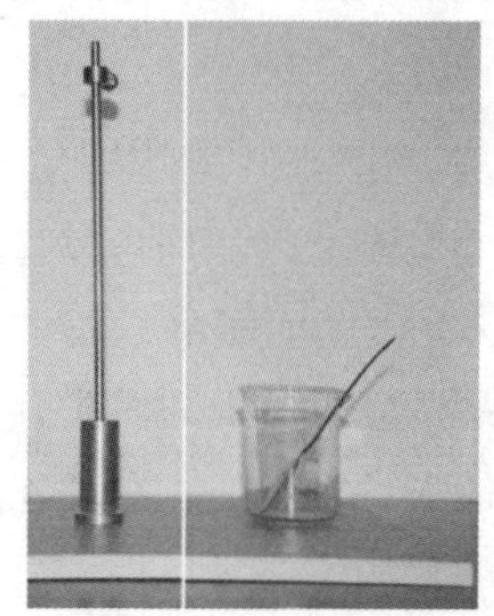

图 5.2　重塑稀土试样

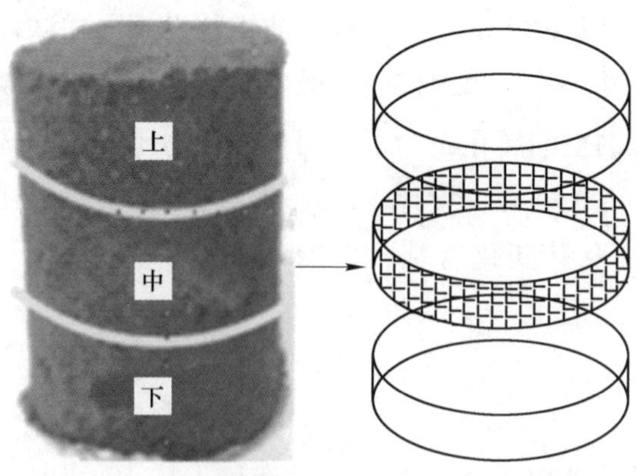

图 5.3　试样空间剖分

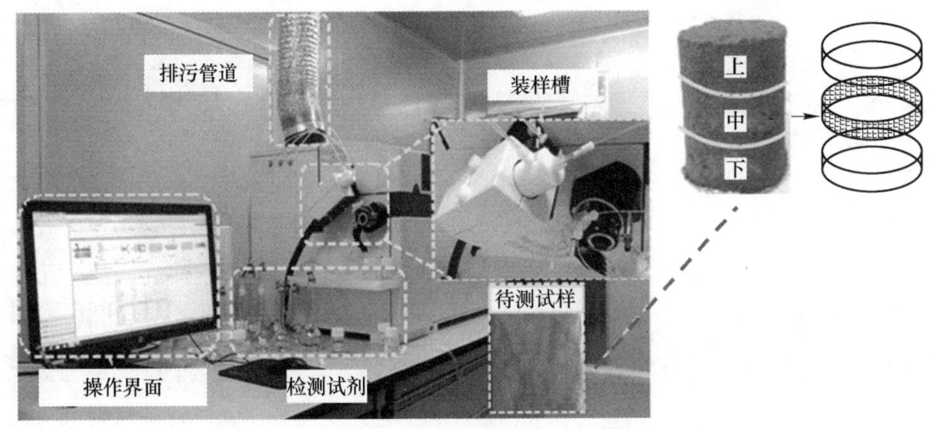

图 5.4 Agilent 8800 型电感耦合等离子体质谱分析仪

5.4.2 稀土含量空间转化

浸矿过程中（0~3h），每隔 0.5h 对试样上、中、下三部分分别测试试样中剩余稀土含量（REO），得到浸矿离子交换过程中试样不同部位稀土含量，见表 5.5。

表 5.5 稀土含量空间分布

浸矿持续时间/h	稀土含量（上部）/g · t^{-1}	稀土含量（中部）/g · t^{-1}	稀土含量（下部）/g · t^{-1}
0	727	735	744
0.5	531.8	702.9	733.5
1	497.4	447.6	663.5
1.5	379.4	354.9	643
2	249.3	260	373
2.5	249.6	255.1	341.8
3	227	229.2	229.4

在表 5.5 中，虽然每一个时刻选取的稀土试样各不相同，但试样原始矿样的获取和重塑的方法、规格和参数均保持一致，制样之前尽量保持原料混合均匀，因此，可以近似认为每一个时刻取得的试样在浸矿之前稀土含量基本保持一致。为了对比稀土含量的变化，单位统一用 g/t 表示。稀土试样上、中和下三部分的稀土含量随浸矿时间变化曲线如图 5.5 所示。

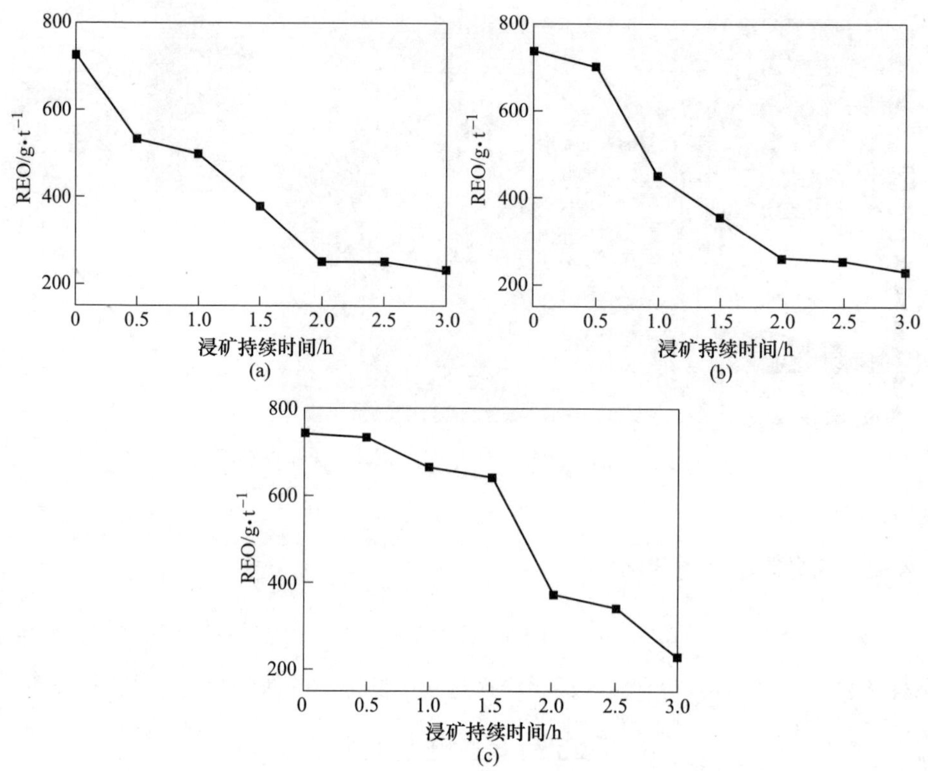

图 5.5 浸矿过程中稀土试样各部分稀土含量变化曲线

(a) 上部；(b) 中部；(c) 下部

通过对浸矿过程稀土试样上、中和下三部分 REO 含量进行对比分析，发现浸矿时间在 0 ~ 1.5h 之间，试样上部和中部 REO 含量急剧下降，而试样下部 REO 含量并未出现明显下降。说明该时间段内离子交换主要集中在试样的中部和上部，而试样下部离子交换尚未开始。浸矿时间在 1.5h 之后，试样下部 REO 含量出现急速下降趋势，表明浸矿时间持续 1.5h 后，离子交换的主要区域开始向试样下部转移，但此时上部和中部依然存在少部分离子交换区域。2h 之后，试样上部和中部 REO 含量不再明显变化，而试样下部 REO 含量仍然保持下降趋势，说明该时间段内，在浸矿液渗流作用下，离子交换的主要区域已经完全由试样的上部和中部过渡到下部。当浸矿时间达到 3h，试样各部分的稀土含量下降至 200g/t 左右，受 ICP-MS 测试设备的影响，稀土含量在 200g/t 以下时，测试误差较大。所以，此时可以近似认为试样中的稀土赋存状态不再是离子相。

通过上述分析可知，在保持一定液面高度的注液方式下，浸矿液在稀土矿体中的渗流符合达西定律的层流特征，随着浸矿时间改变，浸矿液和矿体之间的离子交换反应体现出由上至中而下的顺序。

5.4.3 试样孔隙结构与离子交换关联分析

从第 4 章试样在浸矿过程中的孔隙结构反演图像可知，随着浸矿时长增加，试样内部的黑色区域也体现出由上至下的逐层移动，如图 5.6 ~ 图 5.8 所示。

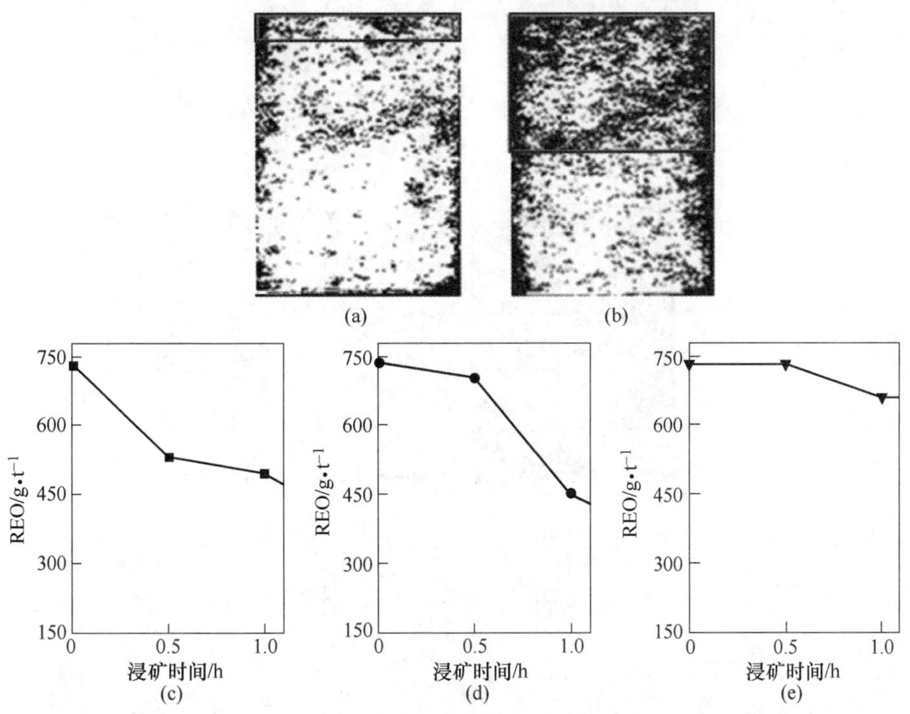

图 5.6　浸矿 0.5 ~ 1.0h 试样孔隙结构反演图像与试样 REO 含量变化对照

(a) 0.5h；(b) 1.0h；(c) 上部；(d) 中部；(e) 下部

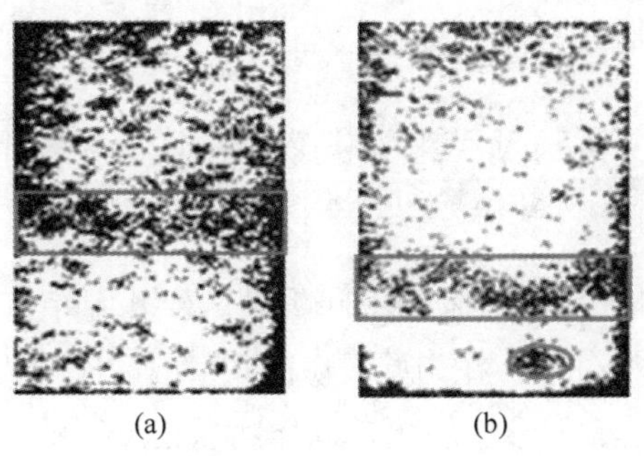

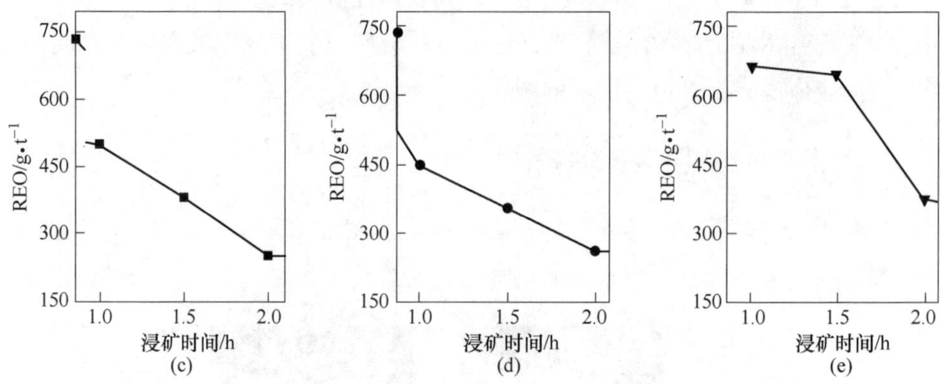

图 5.7　浸矿 1～2h 试样孔隙结构反演图像与试样 REO 含量变化对照

（a）1.5h；（b）2h；（c）上部；（d）中部；（e）下部

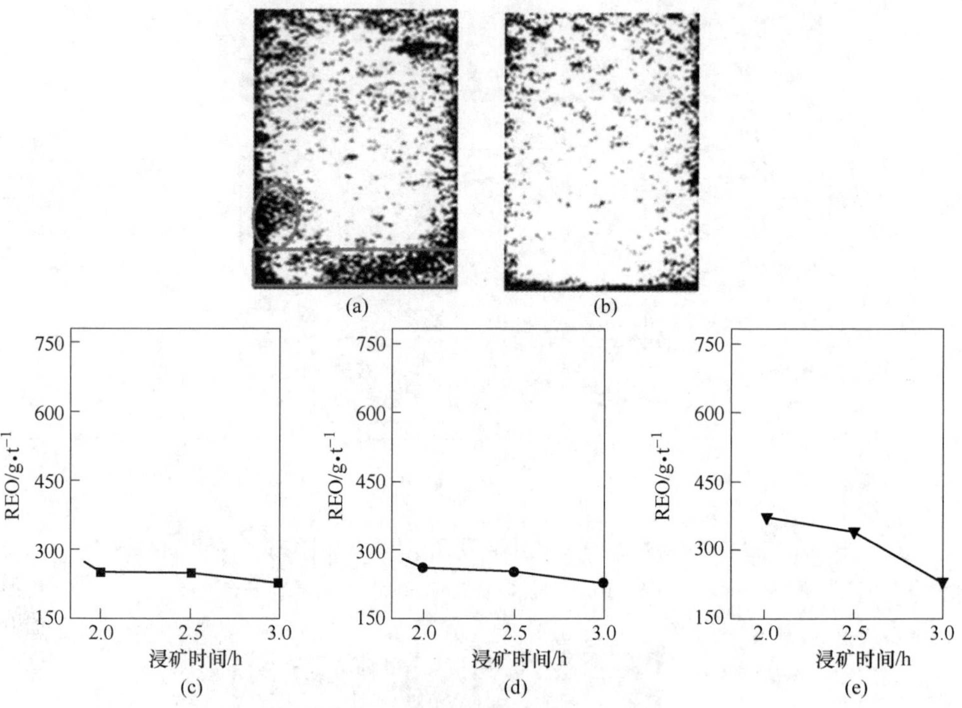

图 5.8　浸矿 2.5～3h 试样孔隙结构反演图像与试样 REO 含量变化对照

（a）2.5h；（b）3h；（c）上部；（d）中部；（e）下部

从图 5.6～图 5.8 浸矿过程的不同阶段试样孔隙结构的反演图像与不同部位 REO 含量的对比分析可知，在初始浸矿的 0～1h 时间段内，反演图像的黑色区域集中在是试样上部，表明该区域出现固体物质集聚，从分段 REO 测试结果说明，

0～0.5h 时间段内试样上部区域 REO 含量下降较快，而中部和下部基本保持不变，说明该时间段内，上部区域发生了明显的离子交换。0.5～1h 时间段内，试样中部 REO 含量开始出现急速下降，上部变化减弱，而下部基本保持不变，表明此时间段离子交换区域由上部向中部转移。当浸矿时间在 1～1.5h 时间段内，同样从孔隙结构的反演图像可知黑色集聚区主要在上部和中部区域，而 1.5～2h，黑色集聚区开始向中下部转移。而对应于该时间段内的离子交换反应（REO 含量变化）恰好发生在试样的中部和中下部。浸矿时间持续至 2～2.5h，孔隙结构反演图像可以看出黑色集聚区主要在试样底部，试样上部和中部 REO 含量不再出现明显变化，说明试样的离子交换反应主区域也转移到下部。当浸矿时间达到 3h，试样内部不再出现黑色集聚区。此时试样各部分的 REO 含量变化极小，说明试样内部主要离子交换已经结束。

上述变化规律与前面试样孔隙结构分析中反演图像黑色区域的移动和不同孔径孔隙体积比率的变化规律基本保持一致，说明试样中大量固体物质的聚集正是由于置换阳离子与稀土阳离子之间的离子交换引起的，从而导致了小孔隙和中等孔隙体积占比增大，大孔隙和超大孔隙体积占比减小。随着离子交换的结束，聚集的固体物质被释放，各类孔隙体积占比出现相反的变化规律。

6 离子交换过程微细颗粒沉积—释放行为

6.1 浸矿过程稀土试样孔隙半径分布

由第 4 章和第 5 章内容可知，$(NH_4)_2SO_4$(2%) 浸矿过程会使稀土矿体内部孔隙结构的反演图像出现异常，由此对浸矿过程中该试样内部不同半径孔隙所占比例进行统计分析，得到图 6.1 所示的孔隙半径统计结果。图 6.1 表明，整个试样小孔隙（1 ~ 5μm）体积所占总孔隙体积比例超过 35%，而超大孔隙（大于 120μm）体积所占总孔隙体积的比例小于 10%，整个试样以中小孔隙为主。随着 $(NH_4)_2SO_4$(2%) 开始浸矿，浸矿时间从 0 ~ 1h，小孔隙和中等孔隙（0 ~ 5μm、5 ~ 10μm、10 ~ 25μm）体积占比逐步增大，同时，大孔隙和超大孔隙（25 ~ 60μm、60 ~ 120μm、大于 120μm）体积占比逐步减小，当浸矿时间超

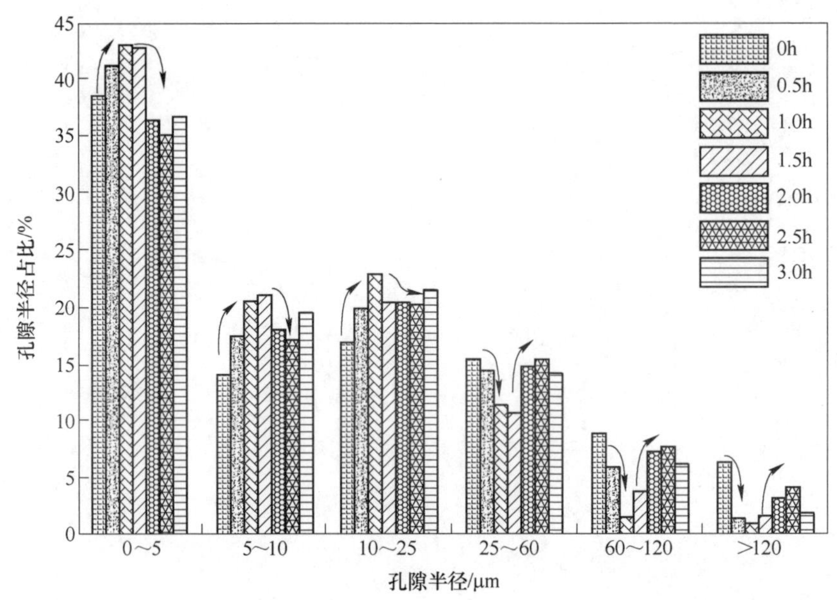

图 6.1 浸矿全过程试样不同孔隙半径占比统计结果

过1.5h后，统计结果出现相反的变化规律。对照后文图6.3～图6.8，当浸矿时间达到1～1.5h，试样反演图像中上部出现大面积黑色区域，说明此时大量固体物质聚集在该区域，当浸矿时间超过1.5h后，图像上的黑色区域面积逐步减小，且黑色区域开始向下移动，原先中上部再次变为亮白色。说明1.5h后，原先聚集的固体物质逐步消失，且固体物质聚集的范围远小于1.5h之前。因此，$(NH_4)_2SO_4$（2%）浸矿过程中，试样内部孔隙半径的变化与固体物质的聚集和消失关系密切。而这种行为又直接影响了试样渗透系数的变化，造成浸矿过程中试样渗透系数先减小后增大。但整个浸矿过程中，固体物质聚集对孔隙率及渗透性的影响机理必须通过进一步微观试验验证。

6.2 浸矿过程稀土试样形貌特征

6.2.1 分析方法

试样微观形貌观察采用MLA650F型场发射电镜扫描仪进行相关试验分析，测试仪器和部分待测试样如图6.2所示。根据5.4节的实验方案，试样饱和后采用质量浓度为2%的$(NH_4)_2SO_4$溶液对重塑稀土试样实施柱浸。每间隔0.5h，取其中一个试样停止滴定，将浸矿后的试样置于烘箱内，100～105℃恒温下烘干，时间为12h。烘干完成后，将试样划分成上、中、下3个部分，如图5.3所示。结合相同时间段测试得到的孔隙结构反演图像，在每一部分选择反演图像出

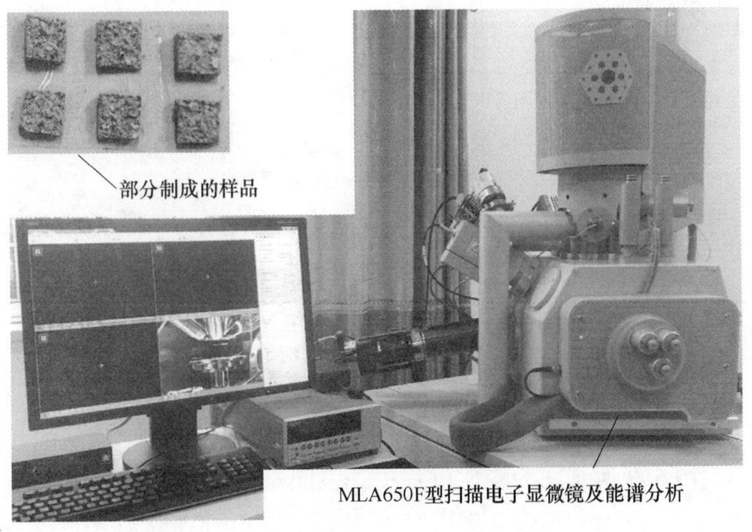

图6.2 扫描电镜测试不同时间段浸矿试样

现异常的部位（黑色区域），制成长×宽＝1cm×1cm 试样用于扫描电镜测试试验，如图 6.3 所示。若没有异常则选择具有代表性的部位进行观察。待测试样用环氧树脂进行固定，使其保持浸矿后的结构，注入的环氧树脂不能完全胶住整个试样，留出所需观察部位进行观察。分别完成浸矿时间在 0～3h 的所有试样扫描电镜试验，对每一时间段上、中、下 3 部分试样的测试结果进行对比分析。

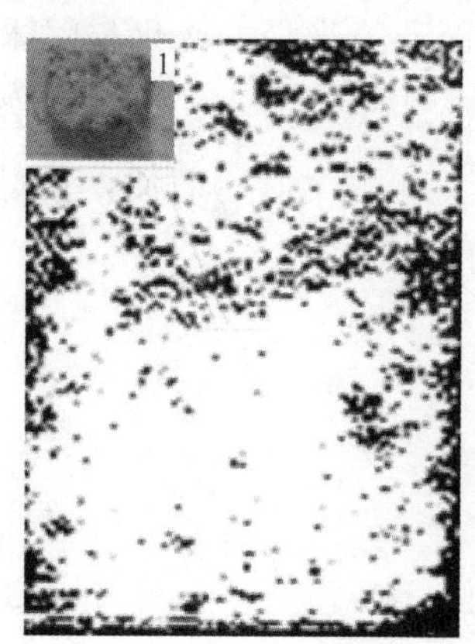

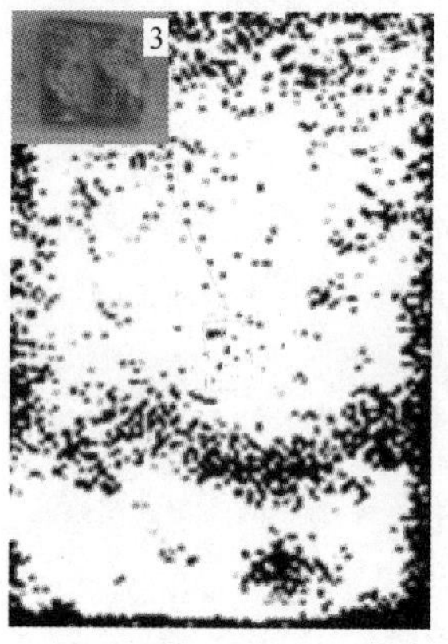

图 6.3　扫描电镜测试试样选择区域

（a）未发生离子置换；（b）正在离子置换；（c）离子置换结束后

6.2.2　形貌特征

浸矿 0.5～3h 扫描电镜分段测试结果如图 6.4～图 6.9 所示。

图 6.4～图 6.9 所示在为浸矿过程中，不同时间段在试样上、中、下 3 个区域取得试样样本的 SEM 图像，同时，考虑到试样内部孔隙结构反演图像特点，取样点兼顾考虑了反演图像中黑色区域的位置。

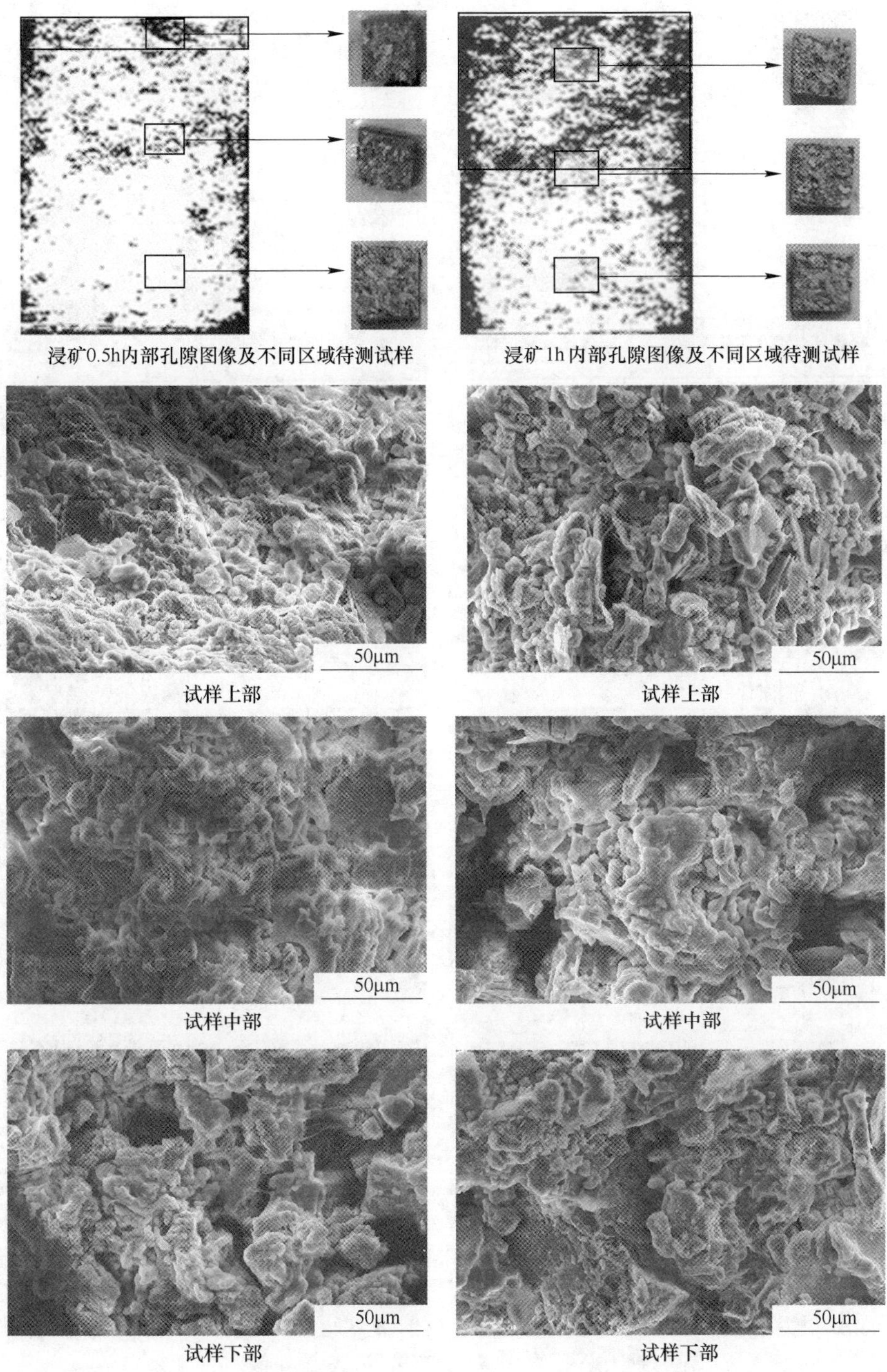

图6.4 浸矿0.5h试样不同区域SEM图像

图6.5 浸矿1h试样不同区域SEM图像

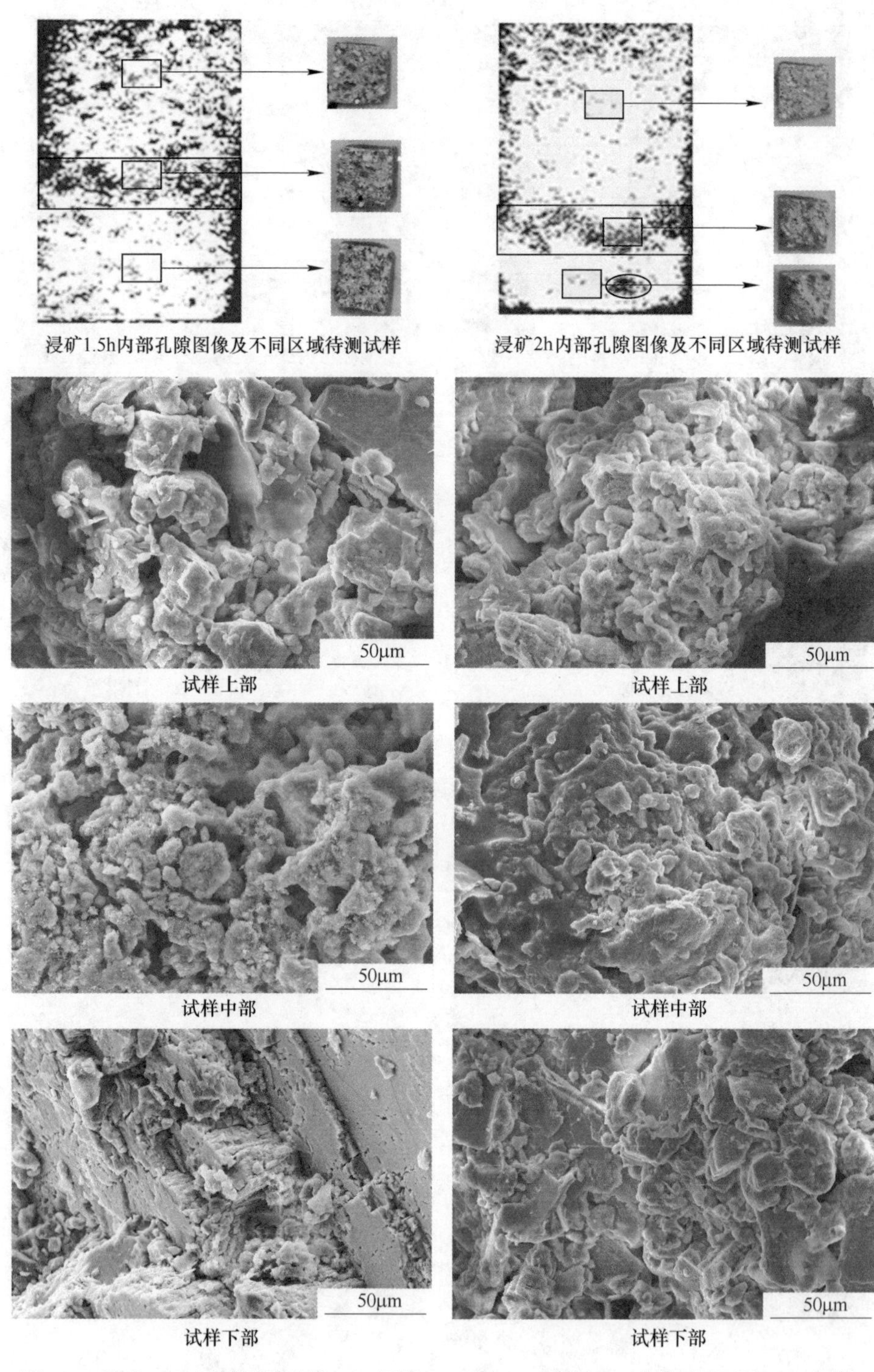

图6.6　浸矿1.5h试样不同区域SEM图像　　图6.7　浸矿2h试样不同区域SEM图像

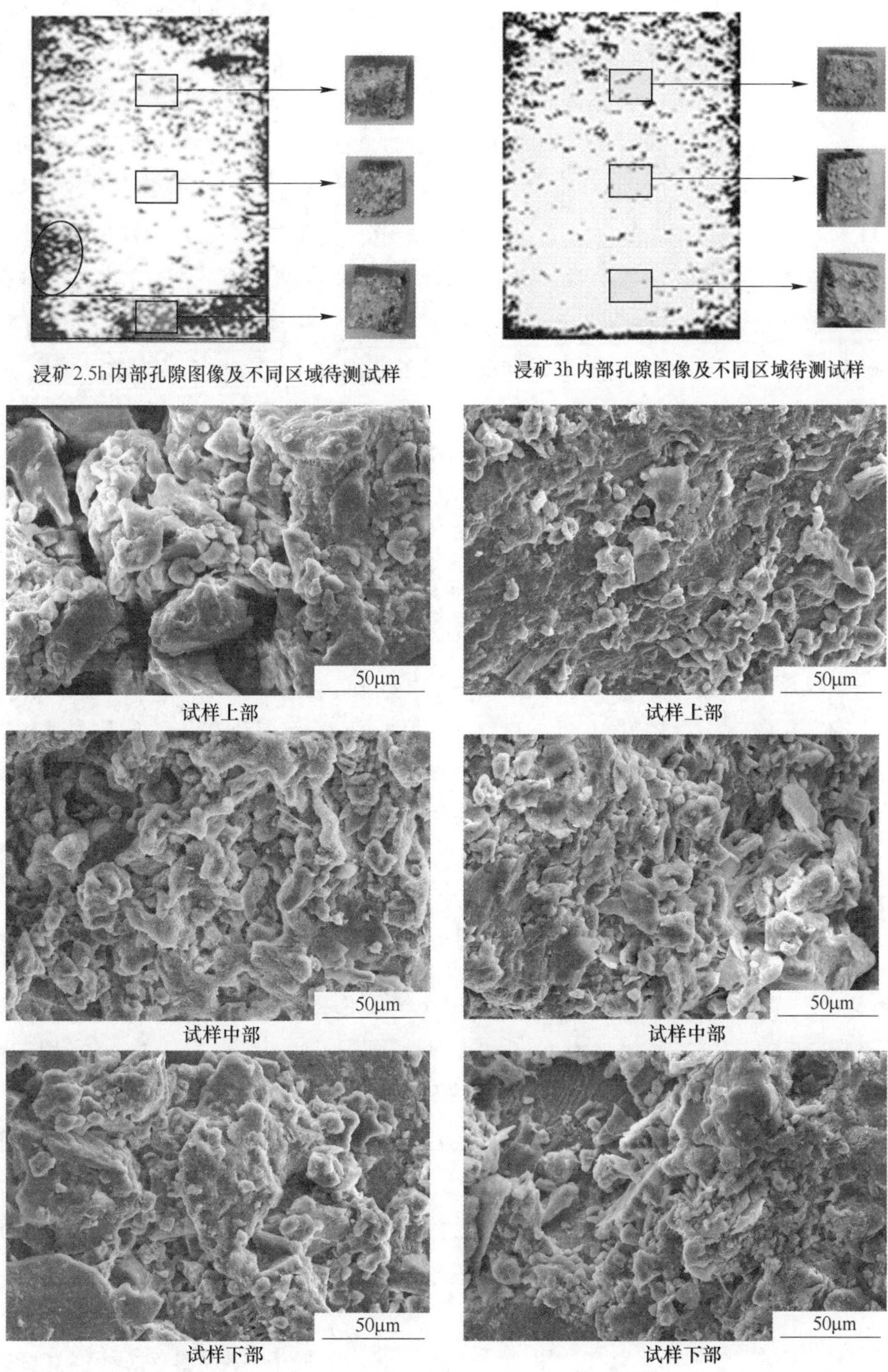

图 6.8　浸矿 2.5h 试样不同区域 SEM 图像　　图 6.9　浸矿 3h 试样不同区域 SEM 图像

图6.4所示为浸矿0.5h后，在试样的不同区域获得样本的SEM图像。从核磁共振反演图像可以看出，该时刻，试样顶部开始出现黑色区域，但试样中部和下部依然为亮白区域。说明浸矿开始阶段，顶部由于离子交换出现固体物质聚集，而中部和下部依然为孔隙饱和状态。此时从试样的顶部黑色区域获取样本作为待测试样，同时在试样中部和下部亮白区域取得同样规格大小的样本作为待测试样。3个试样分别完成SEM试验。结果显示，顶部试样SEM图像中的土体颗粒周围聚集了大量的微细物质，覆盖在微细颗粒及孔隙表面，使试样内部孔隙被封堵。中部试样SEM图像也出现了类似的微细物质，但仍可看到颗粒间的部分孔隙露出。下部试样SEM图像则完全不同于上部和中部，显示出颗粒大小不一，且颗粒间孔洞非常明显。

图6.5所示为浸矿1h后，试样上、中、下3个部位获得的待测样本SEM图像。从1h时刻核磁共振反演图像可知，中上部出现了大量黑色区域，中部和下部为亮白区。说明随着浸矿时长增加，离子交换反应区域逐步向下推进。对应区域的样本SEM测试结果可知，位于上部的离子交换区域，土体颗粒致密且孔隙极少，表面被大量微细颗粒覆盖，中部区域和下部区域SEM图像明显不同于上部，图像显示颗粒大小不一，且颗粒间孔隙明显。

图6.6所示为浸矿1.5h后，试样上、中、下3个部位获得的待测样本SEM图像。从1.5h时刻核磁共振反演图像可知，此时试样上部由黑色恢复为亮白，试样中部呈现黑色区域，试样下部依然为亮白。从SEM测试结果可以发现，相比于0.5h、1h测试结果，试样上部土体内部的大小颗粒开始变得明显，且颗粒间的孔隙数量增多，尺寸大小不一。从第5章分析结果可知，此时试样上部离子交换已经基本结束，试样内部颗粒及孔隙周边大量微细颗粒消失。离子交换区域开始向中部转移，此时SEM图像可以看出，土体内部颗粒尺寸的对比度不明显，且颗粒间的孔隙尺寸减小，表面出现微细颗粒物质。试样下部依然为饱和区域，尚未发生离子交换，土体内部颗粒及孔隙比较明显。

图6.7所示为浸矿2h后，试样上、中、下3个部位获得的待测样本SEM图像。此时，试样内部的离子交换区域开始向中下部转移。磁共振反演图像的黑色区域主要集中在中下部。3个部位样本的SEM测试结果显示，离子交换比较集中的中下部区域，土体颗粒及孔隙周边被微细颗粒物质覆盖，而上部和下部亮白显示区域，孔隙和颗粒较为明显。

图6.8所示为浸矿2.5h后，试样上、中、下3个部位获得的待测样本SEM图像。此时，浸矿离子交换区域主要集中在试样底部，因此，试样底部样本的SEM图像呈

现出大量微细颗粒聚集在土体原有颗粒和孔隙周边，覆盖了土体内部的孔隙。而上部和中部区域，样本土体内部孔隙和颗粒界限明显，颗粒间的孔隙再次外露。

图 6.9 所示为浸矿 3h 后，试样上、中、下 3 个部位获得的待测样本 SEM 图像。从第 5 章的分析可知，浸矿持续 3h 后，整个试样内部离子交换结束，稀土矿样内部的离子相矿物被完全浸出。对应的磁共振反演图像表现为全部亮白显示，不再出现黑色区域。从该时刻上、中、下 3 个区域的样本 SEM 图像可以看出，覆盖到内部颗粒及孔隙表面的微细颗粒物质消失，不同区域样本内部骨架颗粒及孔隙界限明显。

从上部 6 组图像分析结果对比可以发现，随着浸矿时间推移，离子交换在试样内部由上而下推进，离子交换的主要区域（反演图像黑色区域）出现了大量微细颗粒物聚集，覆盖骨架颗粒及孔隙周围。随着离子交换结束（反演图像亮白显示），原先聚集的大量微细颗粒物消失，骨架颗粒及孔隙再次外露。整个浸矿过程，这一现象由上而下交替发生。表明离子交换导致微细颗粒物质聚集，离子交换结束诱发微细颗粒物质释放。但微细颗粒物质是否是离子交换的新生物质尚未可知，其对浸矿液的渗透影响也需要进一步探究。

6.2.3 离子交换区域微观形貌

通过对浸矿过程中 0.5 ~ 2.5h 的磁共振孔隙结构反演图像发现，离子交换区域呈现“黑色”，为进一步分析离子交换部位内部黑色区域微观形貌，将 0.5 ~ 2.5h 每一测试时刻“黑色区域”完成 SEM 测试，放大至 50000 倍显示，如图 6.10 所示。从图上可以看出，当放大倍数达到 50000 倍，骨架颗粒及孔隙表面覆盖的微细颗粒物主要为长针状纳米管结构，颗粒直径约为 0.1μm，长度为 1 ~ 3μm，大量聚集于孔隙及骨架颗粒周围。

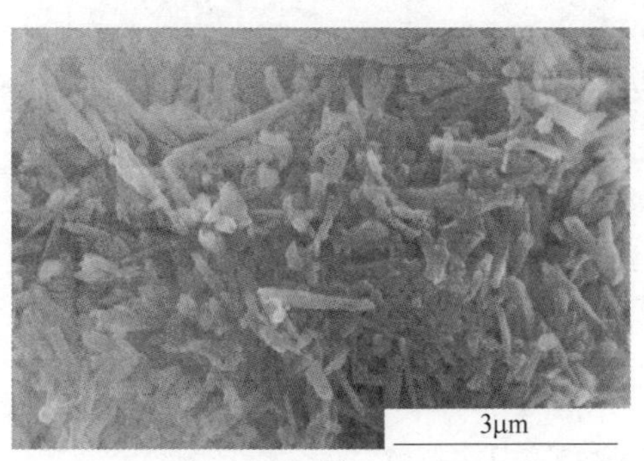

(a)

(b)

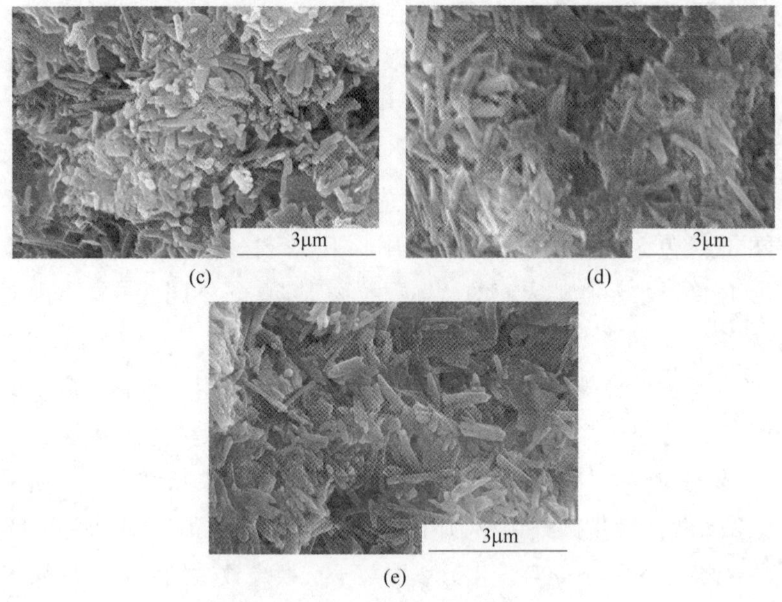

图 6.10　离子交换区域微观形貌

(a) 浸矿 0.5h 试样顶部区域；(b) 浸矿 1h 试样上部区域；(c) 浸矿 1.5h 试样中部区域；(d) 浸矿 2h 试样中下部区域；(e) 浸矿 2.5h 试样下部区域

6.3　微细颗粒矿物成分

6.3.1　矿物成分测试

针对扫描电镜图像中出现的微细颗粒，选取 7 个测点完成 EDS 测试，测试结果如图 6.11 和表 6.1 所示。分析可知颗粒共包含 N、O、F、Al、Si、S、K、Fe、

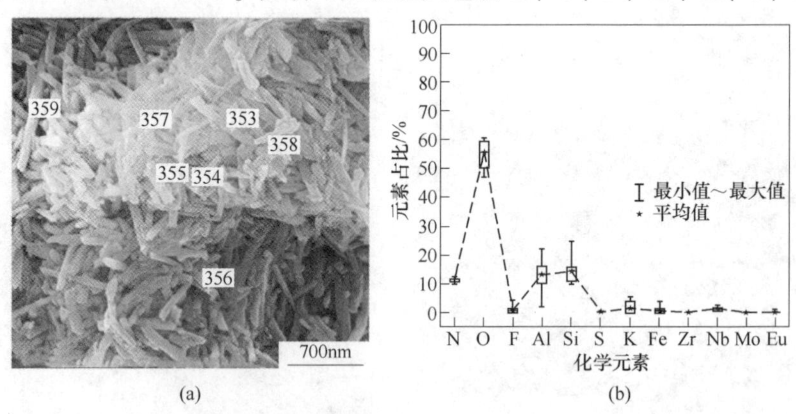

图 6.11　针状纳米管结构矿物成分测试

(a) 扫面电镜取点图；(b) 取点元素分布箱线图

Zr、Nb、Mo、Eu 共12 种元素，其中 O、Al、Si 含量所占百分比超过 80%，而这 3 种元素是黏土矿物的主要成分，可见大量的微细颗粒是试样中的黏土颗粒，并非新产生的物质。而 N 元素的含量达到 11.3%，其主要来自黏土颗粒对浸矿液中 NH_4^+ 的吸附。

表 6.1 不同部位测点微细颗粒矿物成分测试结果 (%)

测点编号	N	O	F	Al	Si	S	K	Fe	Zr	Nb	Mo	Eu
353	11.46	59.36	0	15.38	12.44	0.24	0.21	0.08	0	0.73	0	0.1
354	10.85	60.53	4.26	12.04	10	0.24	0.07	0.02	0.42	1.55	0	0.02
355	10.19	46.91	1.46	22.14	15.84	0	0.03	0.03	0.43	2.37	0.6	0
356	11.07	50.2	1.41	16.02	13.86	0	4.01	1.25	0.3	1.64	0.07	0.17
357	12.42	59.69	0	1.89	24.65	0.05	0	0.04	0	1.18	0	0.08
358	11.47	55.54	0	10.47	11.21	0.2	5.54	3.86	0	0.79	0	0.92
359	11.61	58.06	0	15.29	12.28	0.39	0.74	0.13	0.06	1.4	0	0.04

6.3.2 浸矿过程微细颗粒运动

综上分析表明，浸矿液与稀土矿体的离子交换会诱发试样中大量微细黏土颗粒聚集在试样内部黏土矿物表面，造成原有孔隙被遮蔽，致使试样渗透系数降低。随着离子交换过程结束，试样中聚集的微细黏土颗粒释放，原有孔隙再次暴露，试样渗透系数升高。同时，由于微细黏土颗粒体积远小于试样中大多数孔隙尺寸，其在土体中的运移不可能被孔隙阻挡。大量微细黏土颗粒的附着可能是由于某种吸附作用力被固定在土体表面，随着离子交换的结束，这种吸附作用力消失，大量微细颗粒解吸附。

6.4 微细颗粒沉积释放机理

上述实验结果分析认为影响浸矿过程中稀土试样渗透性变化的原因是大量微细黏土颗粒的吸附与解吸附行为，同时，从对比实验结果也证明诱发这种行为产生的原因是浸矿液中的 NH_4^+ 和 RE^{3+} 之间的离子交换作用。微细黏土颗粒尺寸小（<3μm），且容易吸附于矿物表面，可以认为是饱和多孔介质中的胶体颗粒。而胶体颗粒属于双电层结构，具有悬浮能力和吸附能力[92~94]，在普通的地下水环境中是不可移动的[95,96]。但已有研究结果表明，外部环境变化时，土壤中的胶体可以从土壤基质上释放到土壤溶液中，同样也可以从土壤溶液中沉积到土壤基质上，大量实验已经证明了胶体的吸附和解吸附主要受水动力条件和化学条件控制[97~101]。其中水动力条件来自土体中液相的流速，当流速达到一定程度，水动力使颗粒滑动，扭转力使颗粒滚动，最终胶体释放到土壤溶液中[102,103]。化学条件主要包括土壤溶液的离子强度和 pH 值，已有实验表明，离子强度降低有助于胶体释放[104]，而胶体的沉积作用会随着离子强度的增加而增大[105~107]。环境溶液 pH 值增加对胶体的释放起促进作用，但不利于胶体向土壤介质沉积[104]。

根据本书已经完成的实验可知，浸矿过程中浸矿液注入试样的速率始终保持不变，此外，浸矿液的 pH 值和浓度始终保持一致，通过对浸出液测试发现起 pH 值并未发生明显改变。因此，在整个浸矿过程中，浸矿液对试样产生作用的外部水动力条件和化学条件保持不变。但通过 $(NH_4)_2SO_4$ 溶液和去离子水溶液浸矿对比实验发现，只有 $(NH_4)_2SO_4$（2%）浸矿才能产生黏土胶体颗粒的吸附和解吸附行为，表明离子交换作用导致了胶体颗粒的这种行为。而离子交换作用使溶液中原有的大量 NH_4^+ 转变为 RE^{3+}，虽然两者之间等物质的量代换，但由于离子价态的不同，引起溶液离子强度发生明显变化。而试样中的胶体颗粒本身具有双电层结构，DLVO（Derjaguin-Landan-Verwey-Overbeek）理论表明胶体颗粒在多孔介质上的吸附受到范德华引力和双电层斥力作用的影响[108]，图 6.12（a）表明，浸矿开始时，浸矿液中充满了 NH_4^+ 和 SO_4^{2-}，随着浸矿液和矿体之间的离子交换作用，浸矿溶液中 NH_4^+ 转变为 RE^{3+}，溶液离子强度增加，胶体颗粒的双电层中的扩散层被压缩，如图 6.12（b）所示。此时胶体颗粒与多孔介质表面之间的距离减小，静电斥力减小，范德华引力起主导作用，致使大量黏土胶体颗粒吸附到试样内部介质表面。随着离子交换结束，在浸矿液渗流作用下，稀土阳离子（RE^{3+}）向试样下部迁移，溶液中的 NH_4^+ 不断被浸矿液补充，胶体颗粒吸附区域溶液中的 RE^{3+} 再次转化为 NH_4^+，如图 6.12（c）所示。此时溶液离子强度减小，胶体颗粒的双电层厚度增加，胶体与多孔介质表面的双电层斥力超过范德华引力，致使原先吸附的大量黏土胶体颗粒再次释放到溶液中。图 6.3 中试样黑色区域的向下移动和“黑—白”区域的交替变化正是由于上述原因所致。

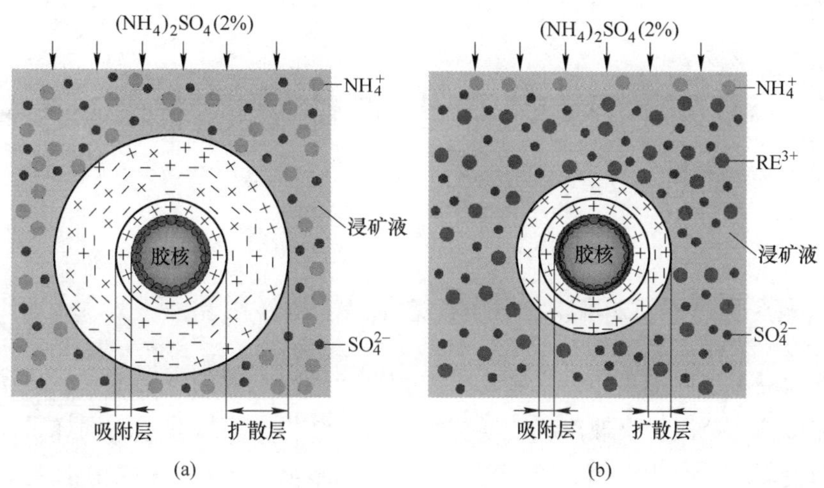

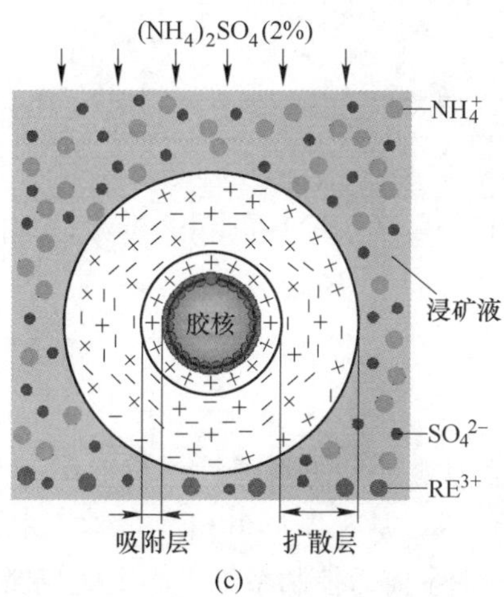

图 6.12 浸矿渗流与离子交换耦合过程中土体双电层结构

（a）离子交换之前；（b）离子交换期间；（c）离子交换之后

7 浸矿过程对稀土矿体强度影响研究

7.1 浸矿过程中试样微观结构和宏观力学特性试验

掌握浸矿过程中矿体强度弱化机理有助于提出有效的预防滑坡措施[24,109]。由于硫酸铵溶液浸矿会改变稀土矿样内部微观结构，而微观结构同样是影响矿样力学强度的一个重要因素[110~113]。因此，本章的内容是研究浸矿过程稀土试样的力学特性，主要通过江苏永盛流体科技有限公司生产的 YSZZ-1（型）真三轴试验仪器、苏州纽迈分析仪器股份有限公司生产的型号为 mesoMR23-060H-I 的核磁共振试验仪器和 Agilent 安捷伦科技（中国）有限公司生产的型号为 Agilent8800 的电感耦合等离子体质谱仪，进行对稀土试样的力学特性、内部结构成像和剩余稀土含量（REO）的相关试验，具体详细试验仪器和方案介绍如下。

7.1.1 试验装置

本次的力学试验主要通过江苏永盛流体科技有限公司生产的 YSZZ-1（型）真三轴试验仪器（见图 7.1），其主要部分由真三轴压力室、轴向压力加荷的控制系统、机械加荷系统、中主应力控制系统、小主应力控制装置、反压力施加系统、排水体变测量系统、相关传感器和传感器数据传输装置组成。真三轴压力室是试验的主要核心部分，它包括土样、土样底座、土样帽、σ_2 方向的液压腔、σ_3 方向的位移传感器，以及包在土样外面的乳胶薄膜；压力室外壳是由耐高压的有机玻璃圆筒、铝合金底座、顶盖、传压活塞、活塞套、输入中主应力的液压加载系统以及小主应力加载装置组成。其中的应力控制装置可以采用气压控制同时也可以采用液压控制，气压控制由一个自动控制的空气压缩机提供气压源，通过高精度的调压阀、空气过滤器进入真三轴压力室，并由精密压力表监视施加压力的大小。压力范围为 0 ~ 500kPa。这种方法操作起来方便。如果大于 500kPa 的小主应力则采用液压控制器，该装置内装有液压传感器，以闭环控制压力的大小。首先将压力室内的土样和各种传感器等器件安装完毕，然后在压力室内装满液体（水），由小主应力的液压控制器连接 σ_3 方向的进水口施加 500 ~ 1000kPa 的侧压力，也可以施加 0 ~ 1000kPa 的侧压力。图 7.2 所示为试验过程中软件系统的界面。

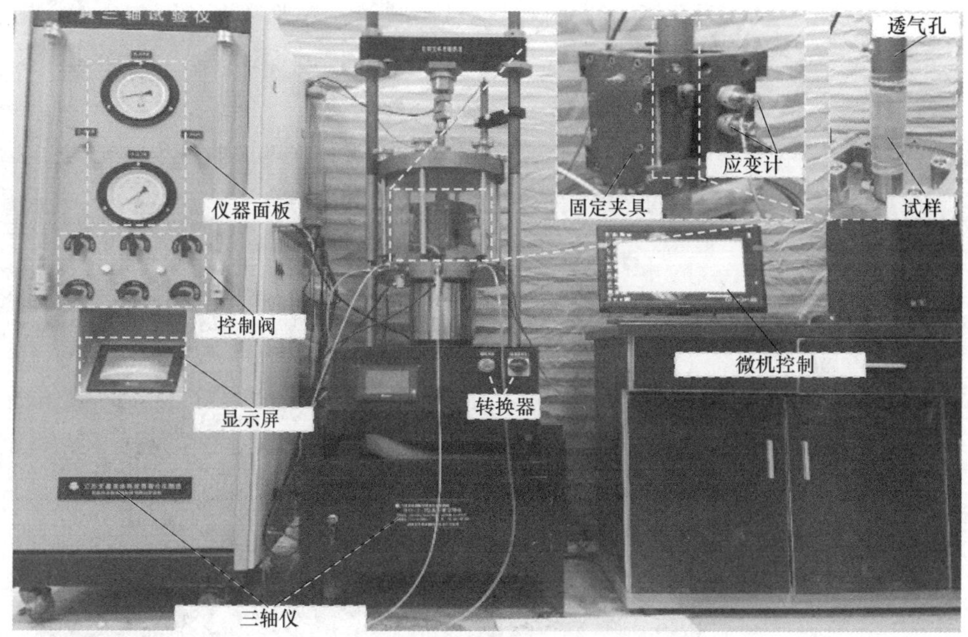

图 7.1　真三轴试验仪器

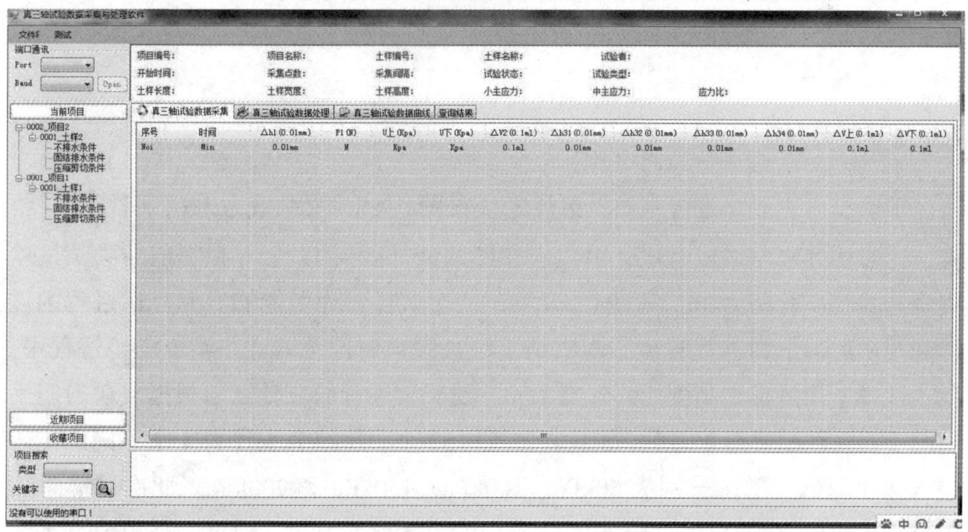

图 7.2　三轴试验软件工作界面

7.1.2　试样制备

制作试样的试验仪器有：击样器、三瓣膜固样桶（直径为3.91cm）、装样器皿、抽气球和承膜桶等，核磁共振仪测试试样的最大范围为ϕ60mm×60mm，因此本次试验的试样统一高度为60mm，直径为39.1mm（见图7.3）。通过击实法进行制样，稀土试样的含水率为13%，每个试样的质量为105g，试样分3层击实，每层击实样在装土前先进行刨毛，避免试样在进行强度试验过程中先从分层面分离。每层用击实锤击打2次能达到土样密度的理论值。

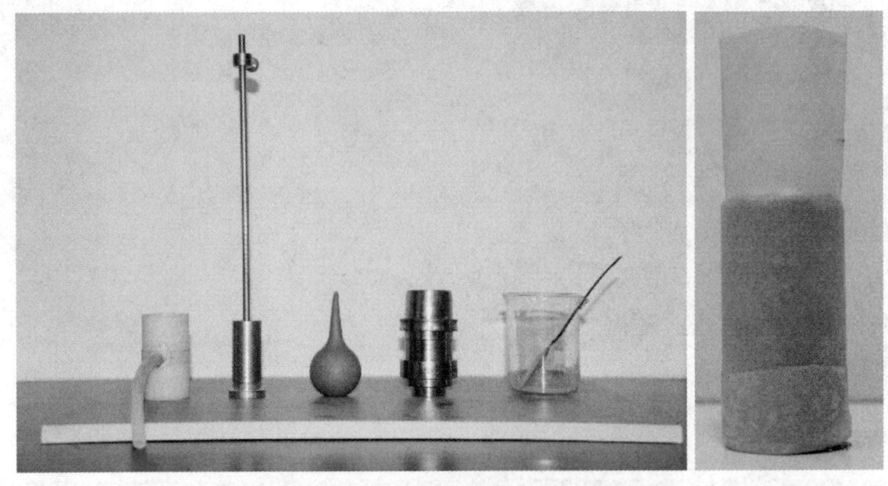

图7.3　制样试验仪器及重塑试样

7.1.3　试验方法

本次试验主要是进行室内模拟浸矿（见图7.4），浸矿液为3%$(NH_4)_2SO_4$溶液，同时用纯水浸矿做对比，用纯水浸矿的试样需要12个（根据前期尝试试验确定有效浸矿时间为3h，每隔0.5h测试一个试样，为了能够做到浸矿过程的试样和浸矿后的试样进行对比，本次试验统一浸矿时间为6h）。整个浸矿过程中，稀土试样上面的液注高度始终保持4cm，浸矿后进行的三轴试验根据浸矿时间不同需要对重塑试样分13组，每组4个，共52个。每组分别设置4个不同的围压进行强度测试，围压分别为50kPa、100kPa、150kPa和200kPa。此次试验采用不固结不排水（UU）的试验条件进行，在测试过程中，三轴仪的采集数据系统设置每分采集30个数据，压力系统的上升速率为0.5mm/min。

图 7.4　模拟浸矿装置及浸矿

同一个试样在进行三轴压缩试验前先进行核磁共振扫描成像试验，观察试样的内部成像规律，本次主要是对浸矿试样的渗流方向进行切片扫描，观察其浸矿渗流方向的一个客观现象，在成像过程中同时对浸矿试样的孔隙度进行测试，双重维度进行对浸矿试验的研究。

通过确定不同浸矿时间段矿样中稀土氧化物（REO）含量来表征有效浸矿时间。具体操作为：在三轴试验完成后，对同一试样进行自然风干，风干后的试样用研磨机进行碾成粉末，取各个不同浸矿时间的研磨试样 5g，分别放入器皿中，依次加入硝酸（5mL），高氯酸（5mL）和氢氟酸（5mL），放在开放式烘箱中进行溶解，最后通过电感耦合等离子体质谱仪器进行对其测试稀土含量（REO）。

7.2　浸矿时间与孔隙结构演化

7.2.1　确定有效浸矿时间

对每组的 4 个试样进行烘干并用磨样机磨成规定粒度粗细粉末，用电感耦合等离子体质谱仪 ICP-MS 测定试样中剩余的稀土含量（REO），另做单纯水浸矿试样进行和 3% $(NH_4)_2SO_4$ 溶液浸矿的试样中的稀土含量（REO）进行对比，测出数据见表 7.1。

表 7.1　剩余稀土中氧化物含量（REO）的变化数据

浸矿时间/h	0	0.5	1	1.5	2	2.5	3
纯水/$g \cdot t^{-1}$	690	685	689	686	682	684	687
3%$(NH_4)_2SO_4$/$g \cdot t^{-1}$	688	568	486	397	296	216	176
浸矿时间/h	3.5	4	4.5	5	5.5	6	
纯水/$g \cdot t^{-1}$	683	689	690	685	683	689	
3%$(NH_4)_2SO_4$/$g \cdot t^{-1}$	180	175	172	176	177	181	

对表 7.1 中的数据绘制曲线图，如图 7.5 所示。图 7.5 能够明显看出两种溶液浸矿后试样中的稀土含量（REO）出现不同的结果。从图中可以得出，纯水浸矿后试样中的稀土含量几乎不发生变化，而用 3%$(NH_4)_2SO_4$ 溶液浸矿后的试样中的稀土含量（REO）在浸矿前 3h 内出现明显的减少趋势，可以得出 3%$(NH_4)_2SO_4$ 溶液中的 NH_4^+ 与试样中的稀土阳离子发生化学置换反应，置换出的稀土阳离子随浸矿液流走，试样中被检测到的稀土含量是没有被置换出来的稀土阳离子。由此可知纯水浸矿不能置换出试样中的稀土阳离子。浸矿 3h 后，3%$(NH_4)_2SO_4$ 溶液浸矿的试样中的稀土含量（REO）也不发生变化，此时试样中的稀土含量（REO）约为 180g/t，此含量为残余含量，在此种浸矿条件下已不

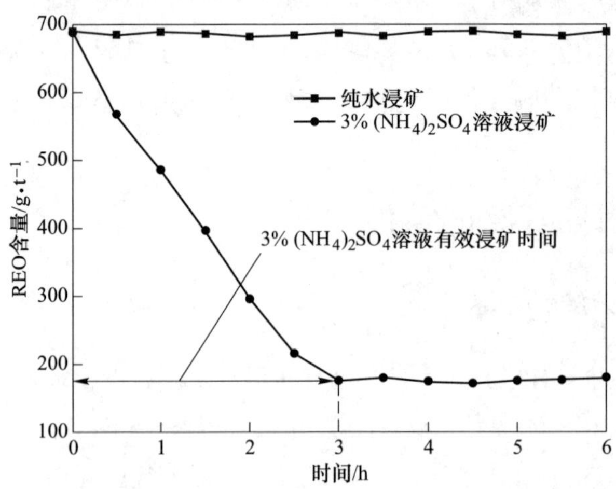

图 7.5　浸矿后试样中稀土含量（REO）的变化

能置换出稀土阳离子，可认为化学置换反应结束。因此可确定为3% $(NH_4)_2SO_4$ 溶液的有效浸矿时间为3h。而纯水不存在有效浸矿时间。

7.2.2 浸矿过程中试样孔隙结构核磁共振成像

核磁共振技术所成的图像中包含的信息主要是试样中的流体在试样内的分布区域。图像越亮的部分，代表试样松散，孔隙度和饱和度越高。图像越暗的部分，代表试样内部结构较致密，孔隙度和饱和度越低[114]。图7.6所示为本次试验中对浸矿试样每隔0.5h进行的核磁共振成像，从图7.6中可以明显地看出，在浸矿开始到3h时，核磁共振图像中均出现一块黑色区域并且这块黑色区域是随着浸矿时间的延长，其不断地向下移动的趋势，直至浸矿时间为3h时，黑色区域移动到测试试样的底部。从浸矿时间为3.5~6h之间的浸矿试样的核磁共振图像看出，黑色区域不再出现，这段时间内的图像整体都比较亮。从图3.9和7.2.1节中的数据可以得出，在浸矿前3h浸矿试样内部存在化学置换反应，所谓的有效浸矿时间为3h；再根据第5章孔隙结构与离子交换关联分析，可推断出核磁共振图像中的黑色区域是试样内部化学反应的区域，此现象是浸矿液与试样内部的稀土阳离子发生反应是从试样上部向下部推进的一个过程。从核磁共振图像

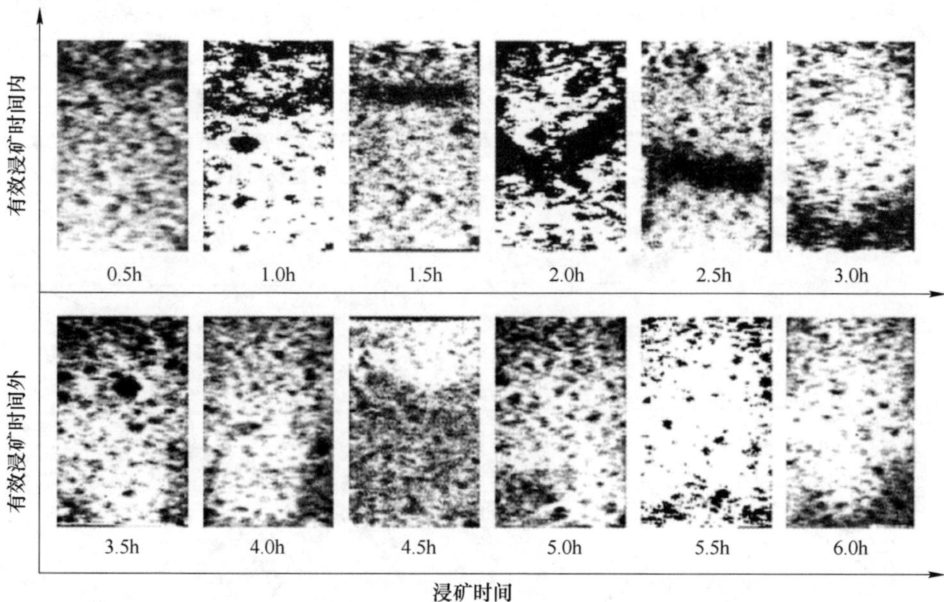

图7.6 3% $(NH_4)_2SO_4$ 溶液浸矿试样的核磁共振图像

的特点看，图像越暗的部分，说明该部分结构较致密，因此可从图 7.6 得知浸矿液与试样发生化学置换反应的区域，此区域的固体颗粒含量比试样内部其他部位含量更高，即此区域的结构比较致密。浸矿时间在 3 ~6h 之间，图像中没有明显的黑色区域存在，说明有效浸矿已在前 3h 完成，现在只是单纯的浸矿液渗流，没有化学置换反应。

7.3　浸矿过程中试样力学特性演化规律

7.3.1　试样的应力-应变规律

结合试验结果，得到浸矿试样在不同浸矿时间段内的应力-应变曲线如图 7.7 所示，不同浸矿时间的矿样的应力-应变关系曲线有如下的规律：(1) 相同试验围压 σ_3 下，在有效浸矿时间内 (0 ~3h)，浸矿试样的偏应力随着浸矿时间的继续而逐渐减小，尤其在较高围压 σ_3(150kPa、200kPa) 下，浸矿样的偏应力随浸矿时间的增加而急剧减小，可知浸矿过程的化学置换作用弱化了矿样的强度。有效浸矿时间结束后，继续用浸矿液浸矿 (3 ~6h)，从图中的偏应力曲线可以看出矿样的偏应力随着浸矿时间的延长而有所增大，但是增加后的最大值依然低于浸矿初始的值，说明浸矿过程化学置换反应弱化土样的强度是不可恢复。(2) 相同浸矿时间的矿样，随着试验围压 σ_3 的增大，其偏应力也有明显增大，可知对矿样施加高围压在一定程度上提高了起抗压强度，浸矿试样的偏应力曲线出现向两极分化的趋势，尤其在有效浸矿时间过后，浸矿时间为 3.5h、4h、4.5h 和 5h、5.5h、6h 的矿样分别向两个方向趋近并且逐渐靠近彼此。

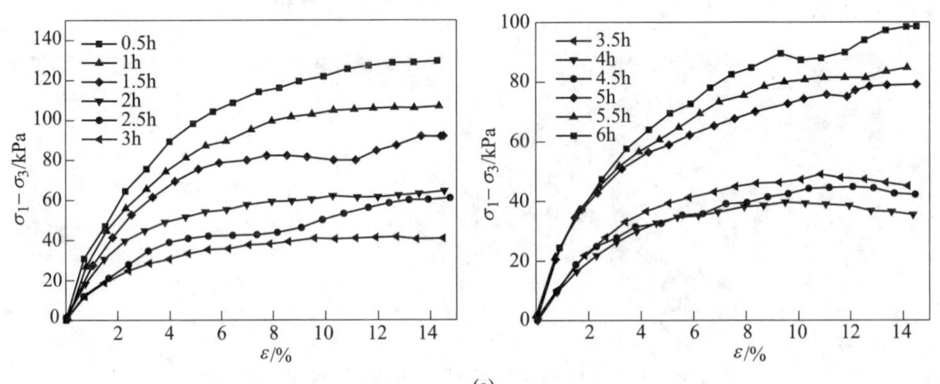

(a)

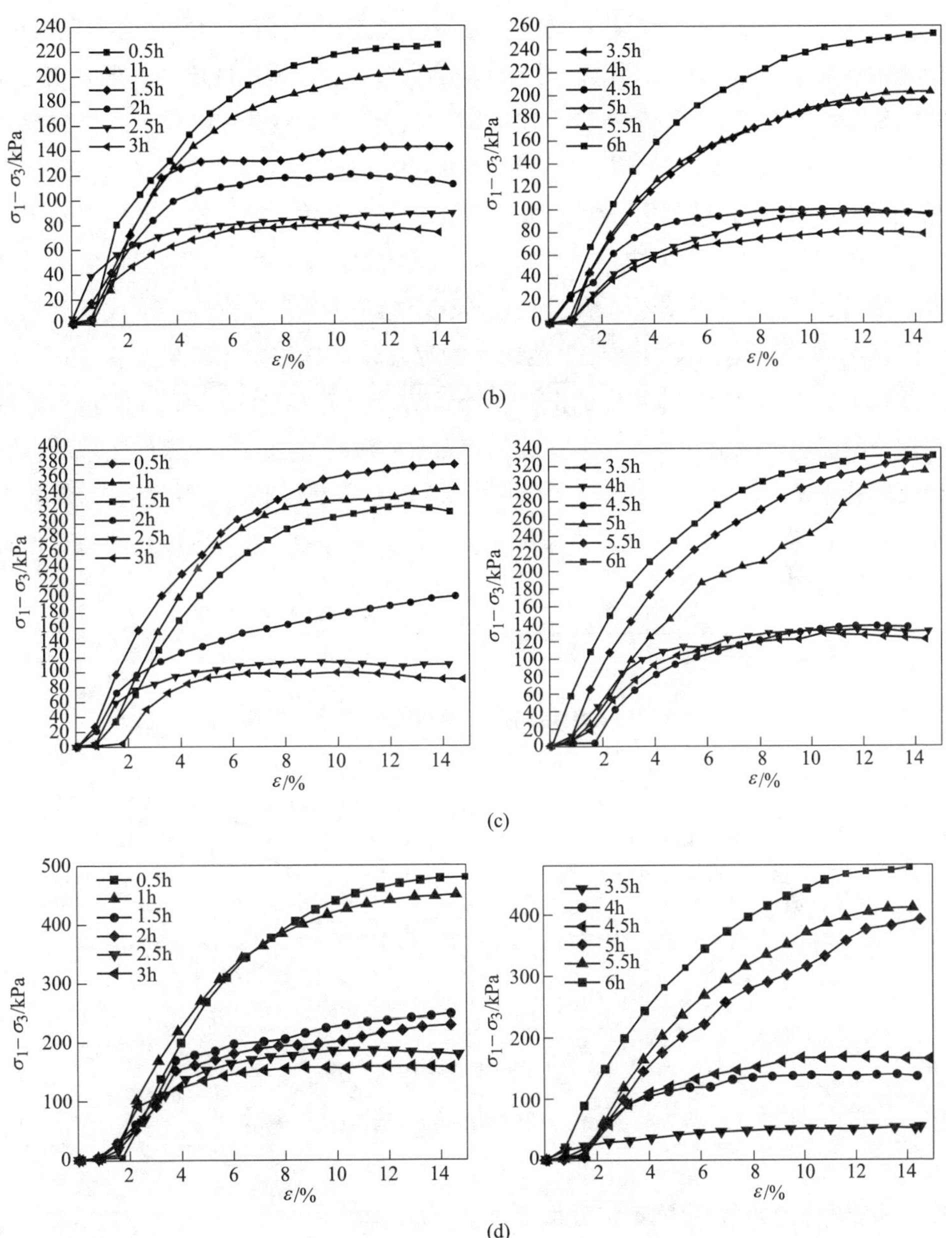

图 7.7　不同浸矿时间矿样的应力-应变变化关系

(a) $\sigma_3=50$kPa；(b) $\sigma_3=100$kPa；(c) $\sigma_3=150$kPa；(d) $\sigma_3=200$kPa

7.3.2　试样强度指标的变化规律

从图 7.8 中可以看出，在浸矿的 6h 内，试样的黏聚力先出现下降后出现上升，而内摩擦角一直处于下降的趋势。在浸矿前 3h 内，试样的黏聚力出现减小，变化幅度为 79.5%。从 3h 到 6h 间，试样的黏聚力有小幅度的增加，上升幅度为 37.5%。结合 7.2.1 节分析可知，浸矿前 3h 为化学置换反应阶段，试样内部发生 NH_4^+ 置换出稀土阳离子的过程，结合图 7.8 可知，化学反应过程中，试样的黏聚力出现减小的趋势，也就是在实际浸矿中，在有效浸矿阶段，矿体极易出现滑坡现象。从图 7.6 中可知，在有效浸矿时间内，试样内部出现的黑色区域所谓致密结构，结合图 7.8 分析可知，这种致密结构并不是矿样内真正形成有利于矿样稳定的致密结构，反而这种黑色区域的存在使矿样更加不稳定。在 3h 到 6h 间，试样的黏聚力出现小幅度的上升，依然结合图 7.6，在 3h 到 6h 间核磁共振图像中的黑色区域消失，此时矿样的黏聚力有明显的增加，可知黑色区域的存在确实不利于矿样的稳定。图 7.8 中的内摩擦角在整个浸矿过程中处于下降的趋势，减小幅度为 54.4%。但从内摩擦角的变化分析可知，这样的变化趋势更加有利于矿样的整条稳定。

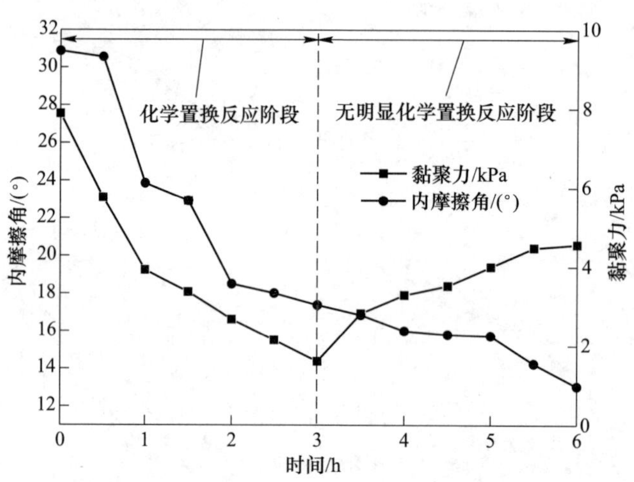

图 7.8　黏聚力和内摩擦角与浸矿时间的关系

7.3.3　试样应力-应变的本构模型

应力-应变曲线一般呈现应变硬化型和应变软化型两种[115]。由浸矿试样的应力-应变曲线可知，矿样在三轴压缩试验过程中的应力-应变曲线成应变硬化型曲线，基于试验数据和相关文献[116~118]，对不同浸矿时间的矿样在不同围压条件下进行对 $\varepsilon/(\sigma_1-\sigma_3)$ 和 ε 的关系进行分析，如图 7.9 所示，从图中可以看出，两者关系进行线性拟合，拟合结果良好。由此可以用邓肯-张双曲线模型来对不同浸矿时间的矿样的应变硬化型变形曲线进行描述[119]，见式（7.1），对不同浸矿时间的矿样进行拟合的结果见表7.2～表7.5。

$$\frac{\varepsilon}{\sigma_1-\sigma_3}=a+b\varepsilon \tag{7.1}$$

式中，$\sigma_1-\sigma_3$ 为偏应力，kPa；ε 为轴向应变,%；a、b 为与浸矿土样、浸矿时间和围压有关的试验参数。

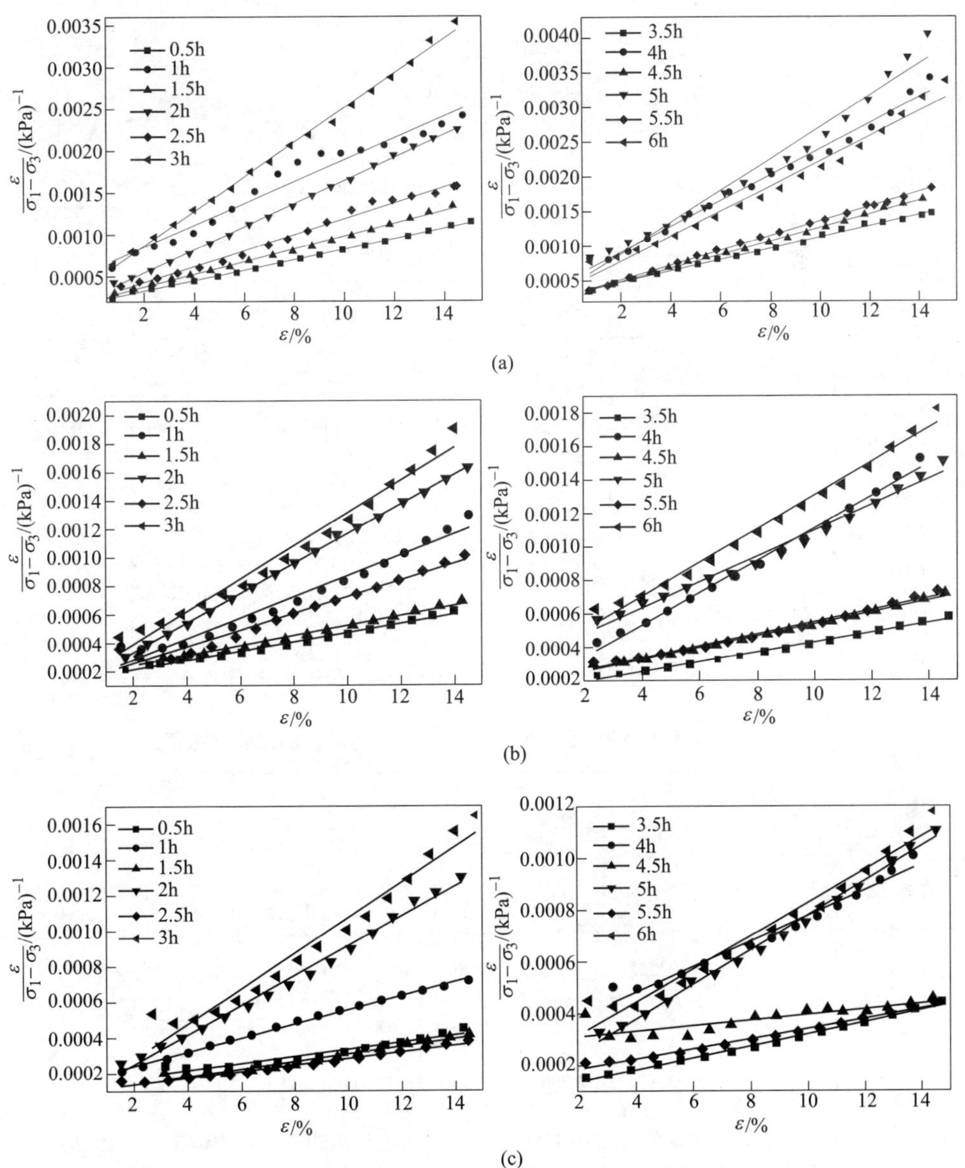

(a)

(b)

(c)

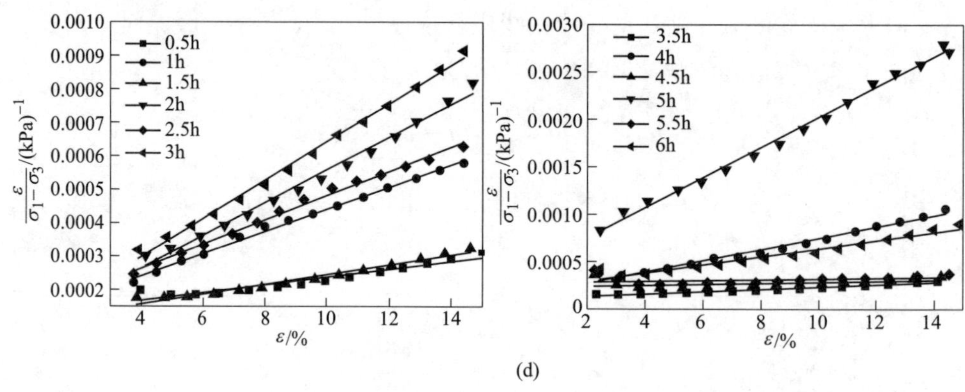

(d)

图 7.9　$\varepsilon/(\sigma_1-\sigma_3)$ 和 ε 的关系

(a) $\sigma_3=50\mathrm{kPa}$；(b) $\sigma_3=100\mathrm{kPa}$；(c) $\sigma_3=150\mathrm{kPa}$；(d) $\sigma_3=200\mathrm{kPa}$

表 7.2　围压为 50kPa 条件下不同浸矿时间矿样的试验参数值

浸矿阶段	试样参数	数　值					
有效浸矿时间内	时间/h	0.5	1	1.5	2	2.5	3
	a	0.000203	0.000593	0.000225	0.0002717	0.0002414	0.0004539
	b	0.00617	0.01296	0.00753	0.0137	0.00943	0.02057
有效浸矿时间后	时间/h	3.5	4	4.5	5	5.5	6
	a	0.000321	0.0005368	0.000292	0.0004294	0.0003026	0.0004193
	b	0.00804	0.01859	0.00971	0.0228	0.00943	0.018

表 7.3　围压为 100kPa 条件下不同浸矿时间矿样的试验参数值

浸矿阶段	试样参数	数　值					
有效浸矿时间内	时间/h	0.5	1	1.5	2	2.5	3
	a	0.000149	0.0001356	0.0001737	0.0001242	0.0001407	0.00016
	b	0.00322	0.00735	0.00348	0.01041	0.00583	0.01151
有效浸矿时间后	时间/h	3.5	4	4.5	5	5.5	6
	a	0.0001393	0.0001476	0.0001871	0.0003283	0.0001932	0.0003046
	b	0.00289	0.00962	0.00351	0.00768	0.00357	0.01002

表 7.4 围压为 150kPa 条件下不同浸矿时间矿样的试验参数值

浸矿阶段	试样参数	数值					
有效浸矿时间内	时间/h	0.5	1	1.5	2	2.5	3
	a	0.0001378	0.0001625	0.0000974	0.0000827	0.0001014	0.0000785
	b	0.00198	0.00394	0.00212	0.00835	0.00182	0.00996
有效浸矿时间后	时间/h	3.5	4	4.5	5	5.5	6
	a	0.0000896	0.0002847	0.0002899	0.0001113	0.000147	0.0001875
	b	0.00231	0.00493	0.00106	0.00668	0.00194	0.0064

表 7.5 围压为 200kPa 条件下不同浸矿时间矿样的试验参数值

浸矿阶段	试样参数	数值					
有效浸矿时间内	时间/h	0.5	1	1.5	2	2.5	3
	a	0.000121	0.0001084	0.0000991	0.0000692	0.0001185	0.0000695
	b	0.00116	0.00332	0.00146	0.00489	0.00363	0.00572
有效浸矿时间后	时间/h	3.5	4	4.5	5	5.5	6
	a	0.0001097	0.0001544	0.0002278	0.000434	0.000276	0.0002077
	b	0.00123	0.00595	0.000546	0.01594	0.000415	0.0043

从图 7.10 中可以看出，对不同浸矿时间的稀土试样分别在不同围压下的应力–应变试验曲线与邓肯–张模型计算曲线进行对比，在 $\sigma_3=50$kPa 的围压下的试验曲线和邓肯–张模型计算曲线拟合结果良好，围压为 $\sigma_3=100$kPa、$\sigma_3=150$kPa、$\sigma_3=200$kPa 的条件下，从图 7.10 中可以看出，在试样初始变形阶段应力–应变试验曲线和邓肯–张模型计算曲线拟合的效果不是很好，但是在后期的变形阶段，

两者的拟合效果良好，从而可得出邓肯-张模型计算曲线，可以很好地描述不同浸矿时间的稀土试样的应力-应变关系。

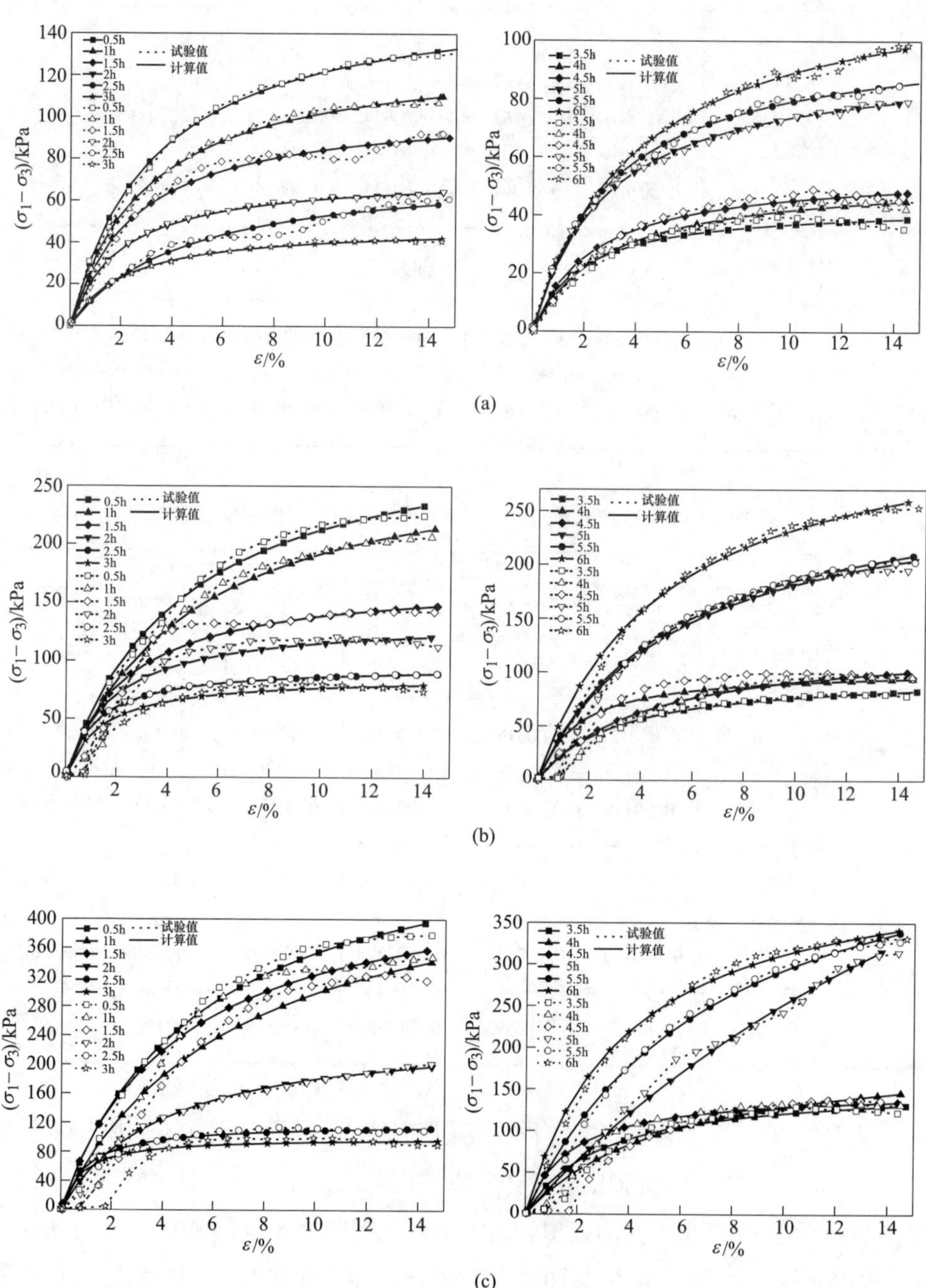

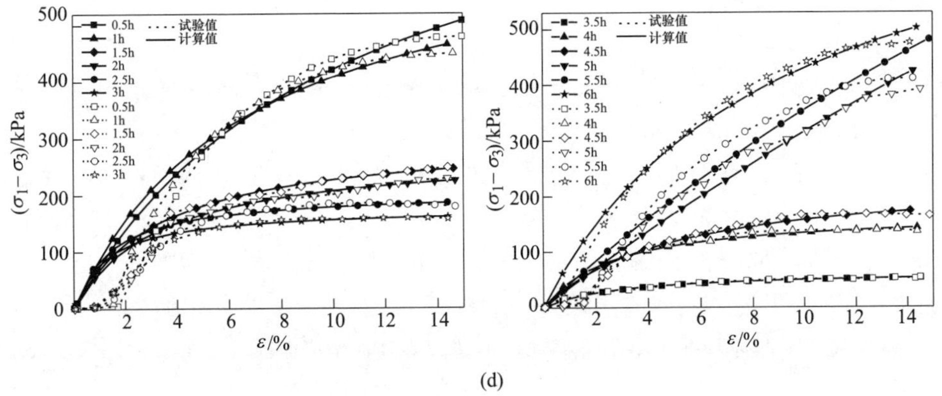

(d)

图 7.10 不同浸矿时间和围压条件下的试验曲线与模型计算曲线对比

(a) σ_3=50kPa；(b) σ_3=100kPa；(c) σ_3=150kP；(d) σ_3=200kPa

对式（7.1）进行求导，得到式（7.2）：

$$\frac{\mathrm{d}(\sigma_1-\sigma_3)}{\mathrm{d}\varepsilon}=\frac{a}{(a+b\varepsilon)^2} \tag{7.2}$$

当 $\varepsilon=0$ 时，从式（7.2）中可以求出浸矿试样的初始切线变形模量；当浸矿土样的变形在偏应力增量 $\Delta(\sigma_1-\sigma_3)$ 作用下达到破坏应变时，可得到破坏偏应力的渐进值，见式（7.3）和式（7.4）：

$$E_{\mathrm{i}}=\frac{1}{a} \tag{7.3}$$

$$(\sigma_1-\sigma_3)_{\mathrm{ult}}=\frac{1}{b} \tag{7.4}$$

式中，E_{i} 为浸矿试样初始切线变形模量，kPa；$(\sigma_1-\sigma_3)_{\mathrm{ult}}$ 为浸矿试样压力试验破坏时的渐进值，kPa。

将式（7.3）和式（7.4）代入式（7.1）中可得到：

$$\sigma_1-\sigma_3=\frac{E_{\mathrm{i}}\varepsilon(\sigma_1-\sigma_3)_{\mathrm{ult}}}{E_{\mathrm{i}}\varepsilon+(\sigma_1-\sigma_3)_{\mathrm{ult}}} \tag{7.5}$$

式中，$\sigma_1-\sigma_3$ 为偏应力，kPa；ε 为轴向应变；E_{i} 为浸矿试样初始切线变形模量，kPa；$(\sigma_1-\sigma_3)_{\mathrm{ult}}$ 为浸矿试样压力试验破坏时的渐进值，kPa。

参考文献

[1] 饶振华，武立群，袁源明．离子型稀土发现、命名与提取工艺发明大解密［J］．中国金属通报，2007，(29)：8～15.

[2] 池汝安，田君．风化壳淋积型稀土矿评述［J］．中国稀土学报，2007，25（6）：641～650.

[3] 汤洵忠．我国离子型稀土矿开发的科技进步［J］．矿冶工程，1999，19（2）：16～18.

[4] 池汝安，王淀佐．离子型稀土矿选矿机理解释［J］．矿产综合利用，1990（2）：37～42.

[5] 池汝安，王淀佐．离子型稀土矿选矿的药剂平衡研究［J］．云南冶金：科学技术版，1990，(3)：28～31.

[6] 池汝安，王淀佐．离子型稀土选矿工艺和技术的进展［J］．湖南有色金属，1990，6（3）：29～34.

[7] 池汝安，田君．风化壳淋积型稀土矿化工冶金［M］．北京：科学出版社，2006.

[8] 李永绣．离子吸附型稀土资源与绿色提取［M］．北京：化学工业出版社，2014.

[9] 罗仙平，翁存建，徐晶，等．离子型稀土矿开发技术研究进展及发展方向［J］．金属矿山，2014，43（6）：83～90.

[10] 陈启仁，雷捷，崔国际．离子吸附型稀土矿特征及其提取工艺的研究［J］．矿产综合利用，1980，(1)：51～58.

[11] 游宏亮．江西离子型稀土矿综合利用现状及展望［J］．稀土，1982（4）：37，47～52.

[12] Chi R，Xu Z. A solution chemistry approach to the study of rare earth element precipitation by oxalic acid［J］. Metallurgical & Materials Transactions B，1999，30（2）：189～195.

[13] 贺伦燕，冯天泽，傅师义，等．硫酸铵淋洗从离子型重稀土矿中提取稀土工艺的研究［J］．稀土，1983（3）：1～8.

[14] 贺伦燕，冯天泽．用碳酸氢铵沉淀稀土：中国，CN1008082B［P］. 1990-05-23.

[15] 李启辉．离子吸附型稀土提取的新工艺［J］．广西化工，1993，(3)：8～10.

[16] 汤洵忠，郑达兴．离子吸附型稀土矿原地浸析采矿方法：中国，CN1043768［P］. 1990-07-11.

[17] 吕广文，顾庆和，胡海兵，等．离子型稀土矿原地浸取工艺：中国，CN1048564［P］. 1991-01-16.

[18] 唐宗和，邵亿生，吕广文，等．离子型稀土原地浸矿工艺：中国，CN1208080［P］. 1999-02-17.

[19] 袁长林，贺德祥，李建中，等．离子型稀土矿原地浸取工艺：中国，CN1401797［P］. 2003-03-12.

[20] 李永绣，周新木，刘艳珠，等．离子吸附型稀土高效提取和分离技术进展［J］．中国稀

土学报，2012，30（3）：257～264.

[21] 张长庚，毛燕红，饶国华，等．离子型稀土矿中稀土与非稀土元素浸出关系的研究[J]. 稀有金属，1991，15（3）：175～179.

[22] 兰自淦，段友桃．离子吸附型稀土矿生产中节省草酸用量的工艺 [J]. 稀土，1990（1）：61～64.

[23] 许秋华，孙园园，周雪珍，等．离子吸附型稀土资源绿色提取 [J]. 中国稀土学报，2016，34（6）：650～660.

[24] 汤洵忠，李茂楠，杨殿．离子型稀土矿原地浸析采场滑坡及其对策 [J]. 金属矿山，2000（7）：6～8，12.

[25] 闫琦玮，陈飞，熊如宗，等．南方离子型稀土矿山滑坡防治研究 [J]. 西部探矿工程，2017，29（6）：15～17.

[26] Zhang P, Tao K, Yang Z. Study on material composition and REE-host forms of ion-type RE deposits in South China [J]. Journal of Rare Earths, 1995, 13 (1): 37～41.

[27] 池汝安，徐景明，何培炯，等．华南花岗岩风化壳中稀土元素地球化学及矿石性质研究[J]. 地球化学，1995，(3)：261～269.

[28] Chi R A, Tian J, Li Z J, et al. Existing state and partitioning of rare earths in weathered ores [J], Journal of Rare Earths, 2005, 23 (6): 756～759.

[29] Moldoveanu G A, Papangelakis V G. Recovery of rare earth elements adsorbed on clay minerals: I. Desorption mechanism [J]. Hydrometallurgy, 2012, 117～118: 71～78.

[30] Moldoveanu G A, Papangelakis V G. Recovery of rare earth elements adsorbed on clay minerals: II. Leaching with ammonium sulfate [J]. Hydrometallurgy, 2013, 131～132: 158～166.

[31] 黄小卫，于瀛，冯宗玉，等．一种从离子型稀土原矿回收稀土的方法：中国，CN102190325A [P]. 2011-09-21.

[32] 王瑞祥，杨幼明，杨斌，等．一种离子吸附型稀土提取方法：中国，CN103266224A [P]. 2013-08-28.

[33] Xiao Y F, Chen Y Y, Feng Z Y, et al. Leaching characteristics of ion-adsorption type rare earths ore with magnesium sulfate [J]. Transactions of Nonferrous Metals Society of China, 2015, 25 (11): 3784～3790.

[34] 肖燕飞，黄小卫，冯宗玉，等．离子吸附型稀土矿绿色提取技术研究进展 [J]. 稀土，2015，36（3）：109～115.

[35] 肖燕飞．离子吸附型稀土矿镁盐体系绿色高效浸取技术研究 [D]. 沈阳：东北大学，2015.

[36] 吴爱祥，尹升华，李建锋．离子型稀土矿原地溶浸溶浸液渗流规律的影响因素 [J]. 中南大学学报：自然科学版，2005（3）：506～510.

[37] Chen J, Fang Y, Gu R, et al. Study on pore size effect of low permeability clay seepage

[J]. Arabian Journal of Geosciences, 2019, 12 (7): 1 ~ 10.

[38] 陈星欣. 饱和多孔介质中颗粒迁移和沉积特性研究 [D]. 北京: 北京交通大学, 2013.

[39] Liu D, Zhang Z, Chi R. Seepage mechanism during in-situ leaching process of weathered crust elution-deposited rare earth ores with magnesium salt [J]. Physicochemical Problems of Mineral Processing, 2020, 56 (2): 350 ~ 362.

[40] 龙天渝, 蔡增基. 流体力学 [M]. 2 版. 北京: 中国建筑工业出版社, 2013.

[41] Frey J M, Schmitz P, Dufreche J, et al. Particle deposition in porous media: Analysis of hydrodynamic and weak inertial effects [J]. Transport in Porous Media, 1999, 37 (1): 25 ~ 54.

[42] Mohanty S K, Saiers J E, Ryan J N. Colloid mobilization in a fractured soil: Effect of pore-water exchange between preferential flow paths and soil matrix [J]. Environmental science & technology, 2016, 50 (5): 2310 ~ 2317.

[43] Donath A, Kantzas A, Bryant S. Opportunities for particles and particle suspensions to Experience Enhanced Transport in Porous Media: A Review [J]. Transport in Porous Media, 2019, 128 (2): 459 ~ 509.

[44] 李广信. 高等土力学 [M]. 北京: 清华大学出版社, 2004.

[45] 白晓红. 高等土力学 [M]. 武汉: 武汉大学出版社, 2017.

[46] 尹升华, 齐炎, 谢芳芳, 等. 不同孔隙结构下风化壳淋积型稀土的渗透特性 [J]. 中国有色金属学报, 2018, 28 (5): 1043 ~ 1049.

[47] 王晓军, 李永欣, 黄广黎, 等. 离子吸附型稀土浸矿过程渗透系数与孔隙率关系研究 [J]. 稀土, 2017, 38 (5): 47 ~ 55.

[48] 杨悦锁, 王园园, 宋晓明, 等. 土壤和地下水环境中胶体与污染物共迁移研究进展 [J]. 化工学报, 2017, 68 (1): 23 ~ 36.

[49] 张鹏远. 多孔介质中悬浮颗粒的渗透迁移: 孔隙结构和颗粒尺度效应 [D]. 北京: 北京交通大学, 2016.

[50] Du X, Ye X, Zhang X. Clogging of saturated porous media by silt-sized suspended solids under varying physical conditions during managed aquifer recharge [J]. Hydrological Processes, 2018, 32 (14): 2254 ~ 2262.

[51] Reddi L N, Ming X, Hajra M G, et al. Permeability reduction of soil filters due to physical clogging [J]. Journal of Geotechnical and Geoenvironmental Engineering, 2000, 126 (3): 236 ~ 246.

[52] Ye X, Cui R, Du X, et al. Mechanism of suspended kaolinite particle clogging in porous media during managed aquifer recharge [J]. Ground Water, 2019, 57 (5): 764 ~ 771.

[53] Du X, Song Y, Ye X, et al. Colloid clogging of saturated porous media under varying ionic strength and roughness during managed aquifer recharge [J]. Journal of Water Reuse and Desal-

ination，2019，9（3）：225～231.

[54] 汤洵忠，李茂楠，杨殿．离子型稀土原地浸析采矿室内模拟试验研究［J］．中南工业大学学报（自然科学版），1999（2）：23～26.

[55] 王晓军，卓毓龙，田贵有，等．一种取原状稀土样的简易轻便装置：中国，CN204807342U［P］．2015-11-25.

[56] 中华人民共和国水利部．GB/T 50123—2019 土工试验方法标准［S］．北京：中国计划出版社，2019.

[57] 方大儒．实验室去离子水水质的检测［J］．滁州师专学报，2003，5（3）：87～88.

[58] Xu P，Zhang Q，Qian H，et al. An investigation into the relationship between saturated permeability and microstructure of remolded loess：A case study from Chinese Loess Plateau［J］. Geoderma，2021，382（13）：114774.

[59] 王晓军，邓书强，曹世荣，等．一种测量稀土浸矿过程中渗透系数的方法：中国，CN106442260B［P］．2019-11-01.

[60] Zhou L，Wang X，Huang C，et al. Development of pore structure characteristics of a weathered crust elution-deposited rare earth ore during leaching with different valence cations［J］. Hydrometallurgy，2021，201（4）：105579.

[61] Anovitz L M，Cole D R. Characterization and analysis of porosity and pore structures［J］. Reviews in Mineralogy and Geochemistry，2015，80（1）：61～164.

[62] 安然，孔令伟，黎澄生，等．炎热多雨气候下花岗岩残积土的强度衰减与微结构损伤规律［J］．岩石力学与工程学报，2020，39（9）：1902～1911.

[63] 冯上鑫，柴军瑞，许增光，等．基于核磁共振技术研究渗流作用下土石混体细观结构的变化［J］．岩土力学，2018，39（8）：2886～2894.

[64] Wang X，Wang H，Sui C，et al. Permeability and adsorption-desorption behavior of rare earth in laboratory leaching tests［J］. Minerals，2020，10（10）：889.

[65] Wang X，Zhuo Y，Zhao K，et al. Experimental measurements of the permeability characteristics of rare earth ore under the hydro-chemical coupling effect［J］. RSC Advances，2018，8（21）：11652～11660.

[66] 刘勇健，李彰明，郭凌峰，等．基于核磁共振技术的软土三轴剪切微观孔隙特征研究［J］．岩石力学与工程学报，2018，37（8）：1924～1932.

[67] Tian H，Wei C，Wei H，et al. An NMR-based analysis of soil-water characteristics［J］. Applied Magnetic Resonance，2014，45（1）：49～61.

[68] Li M，Wang D，Shao Z. Experimental study on changes of pore structure and mechanical properties of sandstone after high-temperature treatment using nuclear magnetic resonance［J］. Engineering Geology，2020，275（1）：105739.

[69] An R，Kong L，Li C. Pore Distribution Characteristics of thawed residual soils in artificial fro-

zen-wall using NMRI and MIP measurements [J]. Applied Sciences, 2020, 10 (2): 544.

[70] 党发宁，刘海伟，王学武，等. 基于有效孔隙比的黏性土渗透系数经验公式研究 [J]. 岩石力学与工程学报，2015，34 (9)：1909～1917.

[71] Zhou L, Wang X, Huang C, et al. Dynamic pore structure evolution of the ion adsorbed rare earth ore during the ion exchange process [J]. Royal Society open science, 2019, 6 (11): 191107.

[72] Bai B, Long F, Rao D, et al. The effect of temperature on the seepage transport of suspended particles in a porous medium [J]. Hydrological Processes, 2016, 31 (2): 382～393.

[73] García-García, S, Wold S, Jonsson M. Effects of temperature on the stability of colloidal montmorillonite particles at different pH and ionic strength [J]. Applied Clay Science, 2008, 43 (1): 21～26.

[74] Wikiniyadhanee R, Chotpantarat S, Ong, S K. Effects of kaolinite colloids on Cd^{2+} transport through saturated sand under varying ionic strength conditions: Column experiments and modeling approaches [J]. Journal of Contaminant Hydrology, 2015, 182: 146～156.

[75] Zhou J, Qiu L, Lin G, et al. Chemical mechanism of flocculation and deposition of clay colloids in coastal aquifers [J]. Journal of Ocean University of China, 2016, 15 (5): 847～852.

[76] Zhou J, You X, Niu B, et al. The flocculation process of released clay particles and its effect on the permeability of porous media [J]. Hydrogeology Journal, 2019, 27 (5): 1827～1835.

[77] Zhou J, Zheng X, Flury M, et al. Permeability changes during remediation of an aquifer affected by sea-water intrusion: A laboratory column study [J]. Journal of Hydrology, 2009, 376 (3): 557～566.

[78] Zhou J, Lin G, Liu J, et al. A laboratory column study on particles release in remediation of seawater intrusion region [J]. Journal of Ocean University of China, 2015, 14 (6): 1013～1018.

[79] 杨元根，袁可能，何振立，等. 红壤中可溶态稀土元素的研究 [J]. 稀土，1997，18 (6)：1～4.

[80] Chi R A, Zhu G C, Tian J. Leaching kinetics of rare earth from black weathering mud with hydrochloric acid [J]. Transactions of Nonferrous Metals Society of China, 2000, 10 (4): 531～533.

[81] Xiao Y, Feng Z, Guhua H U, et al. Reduction leaching of rare earth from ion-adsorption type rare earths ore with ferrous sulfate [J]. Journal of Rare Earths, 2016, 34 (9): 917～923.

[82] 高国华，颜鋆，赖安邦，等. 离子吸附型稀土矿抗坏血酸强化-还原浸取过程 [J]. 中国有色金属学报，2019，29 (6)：1289～1297.

[83] 陈志澄，洪华华，庄文明，等. 花岗岩风化壳稀土存在形态分析方法研究 [J]. 分析测

试学报，1993，12（4）：21～25.

[84] 陈国松，张莉莉．分析化学［M］．南京：南京大学出版社，2017.

[85] 陈荣莲，庞伦，陈达仁，等．EDTA 快速络合滴定法测定矿石中稀土总量——离子型稀土矿离子相稀土总量测定［J］．暨南大学学报（自然科学与医学版），1989(3)：57～62.

[86] 中华人民共和国工业和信息化部．XB/T 619—2015 离子型稀土原矿化学分析方法　离子相稀土总量的测定［S］．北京：中国标准出版社，2015.

[87] 国家市场管理总局，国家标准管理委员会．GB/T 14635—2020 稀土金属及其化合物化学分析方法　稀土总量的测定［S］．北京：中国标准出版社，2020.

[88] 肖燕飞，黄莉，李明来，等．ICP-AES 法测定离子吸附型稀土矿镁盐体系稀土浸出液中稀土与非稀土杂质［J］．稀有金属，2017，41（4）：390～397.

[89] 宋旭东，樊小伟，陈文，等．电感耦合等离子体质谱法测定离子吸附型稀土矿中全相稀土总量［J］．冶金分析，2018，38（6）：19～24.

[90] 施意华，邱丽，唐碧玉，等．电感耦合等离子体质谱法测定离子型稀土矿中离子相稀土总量及分量［J］．冶金分析，2014，34（9）：14～19.

[91] 池汝安，田君，罗仙平，等．风化壳淋积型稀土矿的基础研究［J］．有色金属科学与工程，2012，3（4）：1～13.

[92] de-Jonge L W，Kjaergaard C，Moldrup P. Colloids and colloid-facilitated transport of contaminants in soils：An introduction［J］. Vadose Zone Journal，2004，3（2）：321～325.

[93] Bekhit H M，Hassan A E. Two-dimensional modeling of contaminant transport in porous media in the presence of colloids［J］. Advances in Water Resources，2005，28（12）：1320～1335.

[94] Stumm W. Chemical interaction in particle separation［J］. Environmental science & technology，1977，11（12）：1066～1070.

[95] McCarthy J F，Zachara J M. Subsurface transport of contaminants［J］. Environmental science & technology，1989，23（5）：496～502.

[96] Roy S B，Dzombak D A. Colloid release and transport processes in natural and model porous media［J］. Colloids and Surfaces A：Physicochemical and Engineering Aspects，1996，107：245～262.

[97] Sen T K，Khilar K C. Review on subsurface colloids and colloid-associated contaminant transport in saturated porous media［J］. Advances in Colloid and Interface Science，2006，119（2～3）：71～96.

[98] McCarthy J F，McKay L D. Colloid transport in the subsurface：Past，present，and future challenges［J］. Vadose Zone Journal，2004，3（2）：326～337.

[99] Grolimund D，Borkovec M. Long-term release kinetics of colloidal particles from natural porous media［J］. Environmental science & technology，1999，33（22）：4054～4060.

[100] Saiers J E，Hornberger G M. The influence of ionic strength on the facilitated transport of cesi-

um by kaolinite colloids [J]. Water Resources Research, 1999, 35 (6): 1713 ~ 1727.

[101] 徐绍辉, 刘庆玲. 饱和多孔介质中胶体沉淀释放过程的数值模拟 [J]. 高校地质学报, 2010, 16 (1): 26 ~ 31.

[102] Bergendahl J, Grasso D. Colloid generation during batch leaching tests: Mechanics of disaggregation [J]. Colloids and Surfaces A: Physicochemical and Engineering Aspects, 1998, 135 (1): 193 ~ 205.

[103] Bergendahl J, Grasso D. Prediction of colloid detachment in a model porous media: Thermodynamics [J]. AIChE Journal, 1999, 45 (3): 475 ~ 484.

[104] 胡俊栋, 沈亚婷, 王学军. 离子强度, pH 值对土壤胶体释放, 分配沉积行为的影响 [J]. 生态环境学报, 2009, 18 (2): 629 ~ 637.

[105] 徐绍辉, 刘庆玲. 饱和多孔介质中胶体沉淀释放过程的数值模拟 [J]. 高校地质学报, 2010, 16 (1): 26 ~ 31.

[106] Wei X, Pan D, Xu Z, et al. Colloidal stability and correlated migration of illite in the aquatic environment: The roles of pH, temperature, multiple cations and humic acid [J]. Science of The Total Environment, 2021, 768: 144174.

[107] Torkzaban S, Bradford S A, Vanderzalm J L, et al. Colloid release and clogging in porous media: Effects of solution ionic strength and flow velocity [J]. Journal of Contaminant Hydrology, 2015, 181: 161 ~ 171.

[108] Hogg R, Healy T W, Fuerstenau D W. Mutual coagulation of colloidal dispersions [J]. Transactions of the Faraday Society, 1966, 62: 1638 ~ 1651.

[109] 陈飞, 吴亚星, 高阳, 等. 复合挡土结构在稀土矿山滑坡防治中的应用研究 [J]. 中国稀土学报, 2015, 33 (6): 761 ~ 768.

[110] Lei H, Wang L, Jia R, et al. Effects of chemical conditions on the engineering properties and microscopic characteristics of Tianjin dredged fill [J]. Engineering Geology, 2020, 269 (2): 105548.

[111] 陈勋, 齐炎, 尹升华, 等. 溶浸作用下稀土矿力学弱化规律研究 [J]. 中南大学学报: 自然科学版, 2019, 50 (4): 939 ~ 945.

[112] 尹升华, 齐炎, 谢芳芳, 等. 不同孔隙比下风化壳淋积型稀土矿强度特性 [J]. 工程科学学报, 2018, 40 (2): 159 ~ 166.

[113] 王晓军, 李永欣, 黄广黎, 等. 浸矿过程离子型稀土矿孔隙结构演化规律研究 [J]. 中国稀土学报, 2017, 35 (4): 528 ~ 536.

[114] 郎东江, 尚根华, 吕成远, 等. 碳酸盐岩储层核磁共振分析方法的实验及应用——以塔河油田为例 [J]. 石油与天然气地质, 2009, 30 (3): 363 ~ 369.

[115] 陈茜, 骆亚生, 程大伟. 三轴实验条件下的结构性参数 [J]. 江苏大学学报: 自然科学版, 2014, 35 (3): 349 ~ 353.

[116] Nemat-Nasser S, Okada N. Radiographic and microscopic observation of shear bands in granular materials [J]. Géotechnique, 2001, 51 (9): 753 ~ 765.

[117] 姚志华，陈正汉，朱元青，等. 膨胀土在湿干循环和三轴浸水过程中细观结构变化的试验研究 [J]. 岩土工程学报，2010，32 (1): 68 ~ 76.

[118] 钟文，陈新，查道欢，等. 干湿循环作用下浸矿后离子型稀土力学特性试验研究 [J]. 工业建筑，2017，47 (10): 104 ~ 109.

[119] Chen L, He J, Yang S, et al. Experimental study on the evolution of the drained mechanical properties of soil subjected to internal erosion [J]. Natural Hazards, 2020, 103: 1565 ~ 1589.